图说经典百科

图说数学之美

《图说经典百科》编委会 编著

彩色图鉴

南海出版公司

图书在版编目（CIP）数据

图说数学之美 / 《图说经典百科》编委会编著. ——
海口：南海出版公司，2015.9（2022.3重印）
ISBN 978-7-5442-7956-7

Ⅰ．①图… Ⅱ．①图… Ⅲ．①数学－青少年读物
Ⅳ．①O1-49

中国版本图书馆CIP数据核字（2015）第204873号

TUSHUO SHUXUE ZHI MEI

图说数学之美

编　　著	《图说经典百科》编委会
责任编辑	张爱国　陈琦
出版发行	南海出版公司　电话：（0898）66568511（出版）
	（0898）65350227（发行）
社　　址	海南省海口市海秀中路51号星华大厦五楼　　邮编：570206
电子信箱	nhpublishing@163.com
经　　销	新华书店
印　　刷	北京兴星伟业印刷有限公司
开　　本	787毫米×1092毫米　1/16
印　　张	7
字　　数	70千
版　　次	2015年12月第1版　　2022年3月第2次印刷
书　　号	ISBN 978-7-5442-7956-7
定　　价	36.00元

数学是在人类长期的社会实践中产生的。其发展历史可谓是源远流长。因此，它也和我们生活中的人文景观、天文气象、自然之谜等知识结下了不解之缘。尤其是在现代生活和生产中，数学的应用和发展异常广泛且迅速。

数学在人类文明的发展中起着非常重要的作用，推动了重大科学技术的进步。在早期社会发展的历史中，限于技术条件，依据数学推理和推算所作的预见，往往要多年之后才能实现，因此数学为人类生产和生活带来的效益容易被忽视。进入20世纪，尤其是到了20世纪中叶以后，随着科学技术发展，数学理论研究与实际应用之间的时间已大大缩短，特别是当前，随着电脑应用的普及、信息的数字化和信息通道的大规模联网，数学技术成了一种应用最广泛、最直接、最及时、最富创造力的重要技术，故而未来社会的发展将更加倚重数学的发展。

中国古代的算术和代数对印度数学产生了很大的影响。代数偏重于量与数的计算，代数通过阿拉伯传到欧洲后，放出了异常的光彩。西洋数学史家一般认为近代数学的产生应归功于印度数学的贡献，实际上中国古代数学的功绩也是不可磨灭的。

本书从数学的发展、数字的神秘、数学符号、几何图形等方面入手，用生动形象的话语让青少年去了解数学、喜欢数学，不仅能让青少年从中学到更多和数学有关的课外知识，也让青少年明白学习数学、热爱数学的好处，因为生活中的数学应用无处不在。通过本书，你将知道数学是一种方法，可以解决生活中的实际问题；数学是一种思维，可以开拓思路创造方法；数学是一种能力，可以让头脑更加灵活；数学更是一种文化，是文明的组成部分。正如华罗庚先生在1959年5月所说的，近100年来，数学发展突飞猛进，我们可以毫不夸张地用"宇宙之大、粒子之微、火箭之速、化工之巧、地球之变、生物之谜、日用之繁等各个方面，无处不有数学"来概括数学的广泛应用。可以预见，科学越进步，应用数学的范围也就越大。

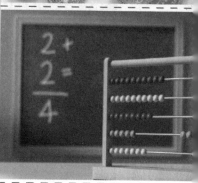

现在，就跟着本书一起去畅游数学王国吧，去认识数学的过去，去领略数学的现在，去畅想数学的未来吧。

目录 Contents

Ch1 数学其实很好玩

Ch2 神秘的数字 21

Ch3 41 一个都不能少——符号、单位

Ch4 55 趣谈"算术"

Ch5 69 变脸大王——几何

目录
Contents

Ch6 85 魔术师的秘密——概率与统计

Ch7 99 走进数学家的世界

图说经典百科

第一章

数学其实很好玩

数学对人类的影响是非常深远的。数学知识或数学结果，可能随时光消逝而成为过去。但"数学是锻炼思维的体操"，数学的重要性不仅仅是它蕴涵在各个知识领域之中，而且更重要的是它能很好地锻炼人的思维，有效地提高理性思维能力，而这种能力（理解能力、分析能力、运算能力）则是关系到学习效率的更重要的因素。

辉煌的中国数学史

在四大文明古国中，中国数学持续繁荣时期最为长久。在古代著作《世本》中就已提到黄帝使"隶首作算数"，但这只是传说。在殷商甲骨文记录中，中国已经使用完整的十进制计数；春秋战国时代，又开始出现严格的十进位制筹算计数。筹算作为中国古代的计算工具，是中国古代数学对人类文明的特殊贡献。

五千多年前的仰韶文化时期的彩陶器上，绘有多种几何图形，仰韶文化遗址中还出土了六角和九角形的陶环，说明当时已有一些简单的几何知识。

我国是世界上最早使用十进制计数的国家之一。商代甲骨文中已有十进制计数，最大数字为三万。商和西周时已掌握自然数的简单运算，已会运用倍数。

从公元前后至公元14世纪，中国古典数学先后经历了三次发展高潮，即秦汉时期、魏晋南北朝时期和宋元时期，并在宋元时期达到顶峰。

秦汉时期数学的发展

秦汉是中国古代数学体系形成的时期，它的主要标志是算术已成为一个专门的学科，以及以《九章算术》为代表的数学著作的出现。

成书于东汉初年的《九章算术》，是秦汉封建社会创立并巩固时期数学发展的总结，就其数学成就来说，堪称世界数学名著。书中已经有分数四则运算、开平方与开立方以及二次方程数值解法、各种面积和体积公式、线性方程组解法、正负数运算的加减法则、勾股定理和求勾股数的方法等，水平都是很高的。其中方程组解法和正负数加减法则在当时的世界数学发展上是遥遥领先的。

秦汉时期的数学多强调实用性，偏重于与当时生产、生活密切相结合的数学问题及其解法。《九章算术》后来传到了日本、欧洲等地，对世界数学的发展作出了很大的贡献。

魏晋南北朝时期数学的发展

魏、晋时期出现的玄学到南北朝时非常繁荣，玄学挣脱了汉儒经学的束缚，思想比较活跃；它诘辩求胜，又能运用逻辑思维，分析义理，这些都有利于数学从理论上加以提高。其中吴国赵爽注《周髀算经》，魏末晋初刘徽撰《〈九章算术〉注》以及《九章重差图》都是出现在这个时期。他们为中国古代数学体系奠定了理论基础。赵爽是中国古代对数学定理和公式进行证明与推导的最早的数学家之一，他在《周髀算经》一书中补充的"勾股圆方图及注"和"日高图及注"是十分重要的数学文献。在"勾股圆方图及注"中他提出用弦图证明勾股定理和解勾股形的五个公式；在"日高图及注"中，他用图形面积证明汉代普遍应用的重差公式，赵爽的工作是具有开创性的，在中

国古代数学发展中占有重要地位。刘徽的《〈九章算术〉注》不仅是对《九章算术》中提到的方法、公式和定理进行了一般的解释和推导，而且在论述的过程中有很大的发展。刘徽还创造割圆术，利用极限的思想证明圆的面积公式，并首次用理论的方法计算圆周率，他还用无穷分割的方法证明了直角方锥与直角四面体的体积比恒为2:1，解决了一般立体体积的关键问题。在证明方锥、圆柱、圆锥、圆台的体积时，刘徽为彻底解决球的体积提出了正确途径，但他并没有给出公式。

东晋以后，中国长期处于战争和南北分裂的状态，经济文化也开始南移，这促进了南方数学的快速发展。这一时期的代表有祖冲之和他的儿子祖暅，祖冲之父子在刘徽《〈九章算术〉注》的基础上，把传统数学大大向前推进了一步。他们计算出圆周率在3.1415926－3.1415927之间，使中国在圆周率计算方面，比西方领先约一千年之久。而他的儿子祖暅则总结了刘徽的有关工作，提出"幂势既同则积不容异"，即等高的两立体，若其任意高处的水平截面积相等，则这两立体体积相等，这就是著名的祖暅公理。祖暅应用这个公理，解决了刘徽尚未解决的球体积公式。

宋元时期数学的发展

宋元时期，农业、手工业、商业空前繁荣，科学技术突飞猛进，火药、指南针、印刷术三大发明就是在这种经济高涨的情况下得到广泛应用。一些数学书籍的印刷出版，为数学发展创造了良好的条件。在这期间，出现了一批著名的数学家和数学著作，如贾宪的《黄帝九章算法细草》，刘益的《议古根源》，秦九韶的《数书九章》，李冶的《测圆海镜》和《益古演段》，杨辉的《详解九章算法》《日用算法》和《杨辉算法》，朱世杰的《算学启蒙》《四元玉鉴》等，在很多领域都达到古代数学的高峰，其中一些成就也是当时世界数学的高峰。

元代天文学家王恂、郭守敬等在《授时历》中解决了三次函数的内插值问题。中国古代计算技术改革的高潮也是出现在宋元时期。宋元历史文献中载有大量这个时期的实用算术书目，其数量远比唐代多得多，改革的主要内容仍是乘除法。在算法改革的同时，穿珠算盘在北宋可能已出现。但如果把现代珠算看成既有穿珠算盘，又有一套完善的算法和口诀，那么应该说它最后完成于元代。

明清时期与近代数学

中国从明代开始进入了封建社会的晚期，16世纪末以后，西方初等数学陆续传入中国，使中国数学研究出现一个中西融合、贯通的局面；鸦片战争以后，近代数学开始传入中国，中国数学便转入一个以学习西方数学为主的时期；到19世纪末20世纪初，近代数学研究才真正开始。一些人开始出国学习数学，较早出国学习数学的有1903年留日的冯祖荀，1908年留美的郑之蕃，1910年留美的胡明复和赵元任，1911年留美的姜立夫，1912年留法的何鲁，1919年留日的苏步青等人。其中胡明复1917年取得美国哈佛大学博士学位，成为第一位获得博士学位的中国数学家。

随着留学人员的回国，各地大学的数学教育也有了起色。最初只有北京大学设有数学系，后来南开大学、东南大学和清华大学等也相继建立数学系，到1932年各地已有32所大学设立了数学系或数理系。1935年还成立了中国数学会，并且《中国数学会学报》和《数学杂志》相继问世，这些都标志着中国现代数学研究的进一步发展。

中国数学的世界之最

我们伟大的祖国，作为世界四大文明古国之一，在数学发展的历史长河中，曾经作出许多杰出的贡献。这些光辉的成就，当时远远走在世界的前列，在世界数学史上享有盛誉。

"位置值制"的最早使用

所谓"位置值制"，是指同一个数字由于它所在位置的不同而有不同的值。

到了春秋战国时期，我们的祖先已普遍使用算筹来进行计算。在筹算中，完全是采用十进位置值制来计数的，既比古巴比伦的六十进位置值制方便，也比古希腊、罗马的十进位置值先进。这种先进的计数制度，是人类文明的重要里程碑之一，在世界数学史上占有重要的地位。

分数和小数的最早使用

西汉时期，张苍、耿寿昌等学者整理、删补自秦代以来的数学知识，编成了《九章算术》。在这本数学经典的"方田"章中，提出了完整的分数运算法则。

刘徽所作的《〈九章算术〉注》是世界上最早的系统叙述分数和使用小数的著作，分数运算比西方早四百年。

负数的最早使用

在《九章算术》中，已经引入了负数的概念和正负数加减法则。刘徽说："两算得失相反，要令正负以名之。"这是关于正负数的明确定义，书中给出的正负数加减法则，和现在教科书中介绍的法则完全一样。直到公元7世纪，印度的婆罗门笈多才开始认识负数。

数学与我们的生活

拜占庭时期的建筑师将正方形、圆形、立方体和半球的概念与拱顶漂亮地结合在一起，就像君士坦丁堡的圣索菲亚教堂中所用的那样。建筑师们研究、改进、提高，同时创造新思想。归根到底，建筑师有想象任何设计的自由，只要存在着支持所设计结构的数学知识。

数学与建筑

几千年来，数学一直是用于设计和建造的一个很宝贵的工具。它是建筑设计思想的一种来源，也是建筑师用来得以排除建筑上的试错技术的手段。例如：为建造埃及、墨西哥和尤卡坦的金字塔而计算石块的大小、形状、数量和排列的工作，依靠的是有关直角三角形、正方形、毕达哥拉斯定理、体积等知识。

秘鲁古迹马丘比丘设计的规则性，没有几何几乎是不可能的。

圆、半圆、半球和拱顶的创新用法成了罗马建筑师引进并加以完善的主要数学思想。

数学与埃舍尔的艺术

仅是人类的发明或创造。它们本来就"是"如此；它们的存在完全不依赖于人类的智慧。具有敏锐领悟能力的任何人所能做的事至多是发现它们的存在并认识它们而已。

——M.C.埃舍尔

M.C.埃舍尔经常用数学的眼光来观察他的许多研究领域。他用数学的眼光给予他所创造的对象以运动和生命。从《变形》《天和水》《昼和夜》《鱼和鳞》和《遭遇》等著名作品可以得到证明。

数学与生物学

　　数学推动了生物学的发展，生物数学研究工作本身也推动了数学的发展。人们发现，不但以前许多数学的古典方法在生物学中得到了很好的利用，而且对生物学问题的研究，也给数学工作者提供了许多新的课题。例如近年来人们很有兴趣的关于"混沌现象"的研究等等，这种新课题的出现并非偶然，因为数学从研究非生命体到研究生命体是一个从简单到复杂的飞跃。

数学与音乐

　　难道不可以把音乐描述为感觉的数学，把数学描述为理智的音乐吗?

　　　　　　　　——J.J.西尔威斯特

　　若干世纪以来，音乐和数学一直被联系在一起。在中世纪时期，算术、几何、天文和音乐都包括在教育课程之中。如果不了解音乐的

↓数学是重要的教育课程之一

　　数学，在计算机对于音乐创作和乐器设计的应用方面就不可能有进展。数学发现，在现代乐器和声控计算机的设计方面必不可少的是周期函数。而音乐家和数学家将继续在音乐的产生和复制方面发挥同等重要的作用。

数学与雕塑

　　维度、空间、重心、对称、几何对象和补集都是在雕塑家进行创作时起作用的数学概念。空间在雕塑家的工作中起着显著的作用。莱奥纳多·达·芬奇的大多数作品都是先经过数学分析然后进行创作的。因此发现数学模型可以兼用作艺术模型，就不令人奇怪了。在这些模型中，有立方体、球形、多面体、半球、正方形、圆形、三角形、角柱体等。不管是什么样的雕塑，里面都蕴涵着数学的智慧，虽然它在被设想出来和创造成功时可以不用数学思维。

有趣的数学奥林匹克

　　奥运会众所周知，可是你知道世界上还有个"数学奥林匹克"吗? 数学奥林匹克，指的就是数学竞赛活动。数学竞赛是一项传统的

↑我们的生活离不开数学

智力竞赛项目，它对于激发青少年学习数学的兴趣，拓展知识视野，培养数学思维能力，选拔数学人才，都有着重要的意义。

最早举办中学生数学竞赛的是匈牙利。1894年匈牙利"物理数学协会"通过了在全国举办中学数学竞赛的决议。从此以后，除了在两次世界大战中和匈牙利事件期间中断过7年外，每年10月都要举行。匈牙利通过数学竞赛造就了一批数学大师，像费叶尔、哈尔、黎兹等，使得匈牙利成为一个在数学领域享有盛誉的国家，同时也引起欧洲其他国家的兴趣，各国纷纷仿效。

1902年，罗马尼亚由《数学杂志》组织了数学竞赛。1934年苏联在列宁格勒大学(现已更名为圣彼得堡大学)主办了中学数学奥林匹克竞赛，首次把数学竞赛与奥林匹克体育运动联系起来，以后逐年举行。数学竞赛的大兴起是在20世纪50年代，据不完全统计，那时举办全国性数学竞赛的已有近20个国家。我国在1956年由老一辈数学家华罗庚等人倡导，举办了首次中学生数学竞赛。各国数学竞赛的兴起为国际中学生数学奥林匹克的诞生提供了条件。

国际数学奥林匹克的诞生

1956年，在罗马尼亚罗曼教授的积极倡导下，东欧国家正式确定了开展国际数学竞赛的计划。1959年起有了"国际数学奥林匹克"，简称IMO。第一届IMO于1959年7月在罗马尼亚古都布拉索拉开帷幕。但前五届的参赛国仅限于东欧几个国家，20世纪60年代末才逐步扩大，发展成真正全球性的中学生数学竞赛。为了更好地协调组织每年的IMO，1981年4月成立了国际数学教育委员会的IMO分委员会，负责组织每年的活动。自此，IMO的传统一直没有中断，并逐步规范化。

数学让你的人生充满创造力

　　一个人从小学到大学都离不开数学课，就连现在大学里的一些文科专业也开设了高等数学课，甚至幼儿园的小朋友都要学习从计数开始的数学。从人类久远的古代计数所产生的自然数和从具有某种特定形状的物体所产生的点、线、面等，就已经是经过人们高度抽象化了的概念。

数学的魅力在生活

　　数学，这门古老而又常新的科学，已大步迈进了21世纪。数学科学的巨大发展，比以往任何时代都更牢固地确立了它作为整个学科技术的基础地位。数学正突破传统的应用范围，向几乎所有的人类知识领域渗透，并越来越直接地为人类物质生产与日常生活作出贡献。同时，数学作为一种文化，已成为人类文明进步的标志。因此，对于当今社会每一个文化人而言，不论他从事何种职业，都需要学习数学、了解数学和运用数学。现代社会对数学的这种需要，在未来无疑将更加与日俱增。

快乐的"数学思维"

　　数学是怎样创造出来的？能够做出数学命题和系统的头脑是怎样的头脑？几何学家或代数学家的智力活动比之音乐家、诗人、画家和棋手又怎么样？在数学的创造中哪些是关键因素？是直觉还是敏锐感？是计算机似的精确性吗？是特强的记忆力吗？还是追随复杂的逻辑次序时可敬畏的技巧？或者是极高度的用心集中吗？

　　数学的思考模式，就是把具体的事物抽象化，把抽象的事物公式

↑数学让你的人生充满创造力

化，把复杂的事物简单化，做任何事情都能首先有一个提纲挈领的全盘思考然后再去做，效果肯定是事半功倍的。这既是成功人士的思维习惯，也是快乐人生的思维习惯。

数学让你的人生充满创造力

陶哲轩是个天才，他6岁时在家看手册自学了计算机BASIC语言并开始为数学问题编程；8岁时，他写的"斐波那契"程序的导言就因为"太好玩"而被数学家克莱门特完全引用；20岁时，他获得普林斯顿大学博士学位；24岁被洛杉矶加州大学聘为正教授；31岁获数学领域的世界最高奖。

童年的陶哲轩始终是活泼的、有创造力的、有时爱做恶作剧的孩子，父母总是给他时间让他玩，让他有时间想自己的东西，因为他们担心不这样做，儿子的创造力就会慢慢枯竭。

他曾谦虚地说："我到现在也没摸清作文的窍门，我比较喜欢明确一些定理规则然后去做事。"他童年时写《我的家庭》时，就把家里从一个房间写到另一个房间，记下一些细节，并排了一个目录。不理解他的人会认为——他真的不会写作，理解他的人会知道——他已经掌握了用数学模式思考所有问题的能力，这就是数学家与普通人的思维方式的区别。

善于追求"我思故我乐"

数学是人创造出的最简单也是最系统的学科，小到生活里的各种计算，大到对国家的科技贡献。也许你会认为，科学与艺术、数学与哲学，这些学科的分界越往上越模糊，但你要记住：所有的知识到了最后都是相同的，而它们一开始的基础也是一样的，那就是用最准确的方式描述出事物的特征和规律。而数学就是让我们学习找到这种特征和规律的方法，即用数学的模式去思考、去判断、去解决，由繁到简、由难到易，这不仅是思维的飞跃，更是能力的飞跃。一个能够体验"我思故我乐"的孩子，他的人生也一定是不同寻常的！

是谁发明了乘法口诀表

中国古代的数学，与古希腊数学体系不同，它侧重研究算法。"算术"这个词，在我国古代是全部数学的统称。算术是数学中最古老、最基础和最初等的部分，它研究数的性质及其运算。

我国最早的乘法口诀表

2002年，湖南考古人员在龙山里耶一座古城的废井中出土了36000余枚秦简，引起轰动。专家们在对"秦简"进行初步的清理中，发现了我国最早的记载于简牍上的乘法口诀。

古代的乘法口诀和现代的有所不同。古代的九九乘法口诀又称"小九九"，它的排列顺序与现在的正好相反，是从

"九九八十一"开始，到"二二得四"结束，因为乘法口诀开头的两个字是"九九"，所以人们简称它为"九九"。大约到了十三四世纪的时候，数学家们认为"九九八十一"到"二二得四"不符合数学上的从小到大的排列顺序，所以才改过来变为"二二得四"到"九九八十一"，另外又加上了"一一得一"这一行，一直沿用到现在。

现代的"小九九"

早在春秋战国的时候，"九九歌谣"就已经被人们广泛使用。历史上沿用下来的乘法口诀有"大九九"和"小九九"，但由于乘法有交换律，所以多用"小九九"而很少用"大九九"了。现在的小九九有45句，大九九有81句（除掉9个两个相同数的积）。

中国古代的计算机——算盘

在算筹的基础上，人们发明了"算盘"。算盘到底是谁发明的，历史上一直有争议。有人认为是古希腊人从单词"Mesopotamia"进化而来的。古希腊人在泥版上画上直线，然后在直线的上面和下面放上小石块用来代表数字，跟现代的算盘有些相似。这样的泥版被考古学家在希腊找到，现放在雅典一间博物馆里供世人参观。

算盘——希腊与中国之"争"

东汉末年，许月在《零记忆》中记载，他的老师刘鸿访问隐士天木先生时，天木先生解释了14种计算方法，其中一种就是珠算，采用的计算工具很接近现代的算盘。这种算盘每位有5个可动的算珠，上面一颗相当于5，下面4颗每颗相当于1。这一记载要比欧洲各国都要早。不过珠算发现后，很长时间没有得到普及。大约到了宋、元时，珠算才逐渐流行起来。

不论是古希腊的算盘还是中国的算盘，有一点是肯定的，那就是盘面上没有"0"的位置，而取"空格"来代替0。算盘的概念要比古罗马数字前进了一大步，它不仅可以计数，而且方便运算。

算盘，谜一样的起源

算盘究竟是什么时候什么人发明的，现在无从考察。但它的使用应该很早。东汉数学家徐岳《数术记遗》记载："珠算控带四时，经纬三才。"可见汉代就有了算盘。

有些历史学家认为，算盘的名称，最早出现于元代学者刘因撰写的《静修先生文集》里。在《元曲选》中由无名氏著的《庞居全误放来生债》里也提到算盘。剧中有这样一句话："闲着手，去那算盘里拨了我的岁数。"

公元1274年杨辉在《乘除通变算宝》里，公元1299年朱世杰在《算学启蒙》里，都记载了有关算盘的《九归除法》。公元1450年吴敬在《九章详注比类算法大全》里，对算盘的用法记述较详。张择端在《清明上河图》中画有一算盘，可见，早在北宋时或北宋以前我国就已普遍使用算盘了。

◆◆ 历史的求证

随着新史料的发现，又形成了算盘起源于唐朝、流行于宋朝的第三说。其依据是，宋代名画《清明上河图》中，画有一家药铺，其正面柜台上赫然放有一架算盘，经中日两国珠算专家将画面摄影放大，确认画中之物是与现代使用算盘形制类似的串档算盘。

1921年在河北巨鹿县曾挖掘到一颗出于宋人故宅的木制算盘珠，已被水土淹没八百年，但仍可见其为鼓形，中间有孔，与现代算盘毫无两样。而唐代是中国历史上的盛世，经济文化都较发达，需要有新的计算工具，使用了两千年的筹算

在此时演变为珠算，算盘在这一时期被发明，是极有可能的。

算盘一类的计算工具在很多文明古国都出现过。例如古罗马算盘没有位值概念，因此被淘汰。而俄罗斯算盘的每柱有十个算珠，计算麻烦。现在很多国家流行的是中国式的算盘。

↓中国古代的"计算机"

你知道中国最早的一部数学书吗

《周髀算经》是中国现存最早的一部数学典籍，成书时间大约在两汉之间（纪元之后）。也有史家认为它的出现更早，是始于周而成于西汉，甚至有人说它出现在公元前一千年。

而《九章算术》大约出现在公元纪元前后，它系统地总结了我国从先秦到西汉中期的数学成就。该书作者已无从查考，只知道西汉著名数学家张苍、耿寿昌等人曾经对它进行过增订删补。全书分作九章，一共搜集了246个数学问题，按解题的方法和应用的范围分为九大类，每一大类作为一章。

中国古代数学的辉煌

南北朝是中国古代数学蓬勃发展时期，相继有《孙子算经》《夏侯阳算经》《张丘建算经》《海岛算经》等10部数学著作问世。所以当时的数学教育制度对继承古代数学经典是有积极意义的。

公元600年，隋代的刘焯在制定《皇极历》时，在世界上最早提出了等间距二次内插公式；唐代僧一行在其《大衍历》中将其发展为不等间距二次内插公式。

贾宪在《黄帝九章算法细草》中提出开任意高次幂的"增乘开方法"。同样的方法至1819年才由英

↓神奇的数学

国人霍纳发现；贾宪的二项式定理系数表与17世纪欧洲出现的"巴斯加三角"是类似的。遗憾的是贾宪的《黄帝九章算法细草》书稿已佚。

的可能性。我们知道，古代学者著书立说的目的之一就是教育世人，"宪运算亦妙，有书传于世"当可佐证。贾宪的《黄帝九章算法细草》奠定了中国古代数学在宋元达到高潮的基础。

《黄帝九章算法细草》的地位

贾宪是北宋杰出的数学家，其老师楚衍是北宋前期著名的天文学家和数学家。贾宪是否从事过数学教学工作，我们不得而知，但就其在宋代学术界的活跃性以及数学地位而言，不能排除他传授数学知识

在历史前进中衰退

14世纪中后叶明王朝建立以后，统治者开始奉行以八股文为特征的科举制度，在国家科举考试中大幅度消减数学内容，自此中国古代数学便开始呈现全面衰退之势。

↓小学的数学课本

为什么没有诺贝尔数学奖

诺贝尔不愧是19世纪典型的、极富天才的发明家，他的发明更多来自于其敏锐的直觉和非凡的创造力，而不需要借助任何高等数学的知识，其数学知识可能刚好到中学水平。不过19世纪后期，在化学领域研究一般也不需要高等数学，数学在化学中的应用发生在诺贝尔去世以后。

诺贝尔留给历史的谜题

诺贝尔在他的遗嘱中说明了诺贝尔奖的奖赏范围，却唯独少了与数学家有关的奖项，使得数学这个重要学科失去了在世界上评价其重大成就和表彰其卓越人物的机会。是什么让诺贝尔做出不奖励数学家的决定？是不经意忘记了还是另有原因？这道像谜一样的数学"难

题"摆在了人们面前。

有趣的猜测

如果说诺贝尔本人根本无法预见或想象到他所涉及的数学在推动科学发展上所起到的巨大作用，因此忽视了设立诺贝尔数学奖也不难理解。但现在的史学家们越来越多地相信诺贝尔忽视数学是受他所处时代和他的科学观的影响。诺贝尔16岁时就不再接受公立学校的教育，也没有继续上大学，之后只是从一位优秀的俄罗斯有机化学家那里接受了一些私人教育。而正是这位化学家在1855年把诺贝尔的注意力引向了硝酸甘油。

不过也有国外学者认为这件事可能与诺贝尔的爱情受挫有关。诺贝尔有一个比他小13岁的维也纳女友，后来诺贝尔发现她和一位数学家私奔。对于此事，诺贝尔一直耿耿于怀，终身未娶。也可能正是这

件事让诺贝尔将数学排除在外。当然这些都是猜测，诺贝尔为什么没有设立数学奖，只有他知道。但不可否认的是，尽管没有奖项，人们对数学的研究和其发展却从未停止过。

菲尔兹奖——数学界的诺贝尔奖

为了让数学家们享受他们应该有的荣誉，世界上先后建立起了两个国际性的数学大奖：一个是四年一次，由国际数学家联合会主持评定并在国际数学家大会上颁发的菲尔兹奖；另一个是由"沃尔夫基金会"设立的一年一度的沃尔夫数学奖。菲尔兹奖的权威性和国际性，以及所享有的荣誉都不亚于诺贝尔奖，因此被人们誉为"数学中的诺贝尔奖"。

菲尔兹是已故的加拿大数学家、教育家，全名约翰·查尔斯·菲尔兹。菲尔兹奖于1936年开始颁发，其最大特点是奖励年轻人，只授予40岁以下的数学家（这一点在刚开始时没有具体要求，后来才被明文规定），即那些能对未来数学发展起到重大作用的人。

神圣的菲尔兹奖

也许就奖金数目而言，菲尔兹奖完全比不上诺贝尔奖的奖金，在当时也并没有引起世界太多关注，就连很多数学专业的大学生也未必知道这个奖，科学杂志更不会去大肆报道。然而30年以后的情况却突然变得不一样，每次国际数学家大会的召开，从国际上权威性的数学杂志到一般性的数学刊物，都争相报导获奖人物。

为什么在人们的心目中，它的地位突然变得如此重要呢？

主要原因一是因为它是由数学界的国际权威学术团体——国际数学联合会主持，从全世界的第一流青年数学家中评定而来；第二它是在每隔四年才召开一次的国际数学家大会上隆重颁发的，且每次获奖者仅2－4名（一般只有两名），因此获奖的机会比诺贝尔奖还要少；第三，也是最根本的一条，是由于得奖人的出色才干，赢得了国际社会的声誉。正如一位著名数学家对1954年的两位获奖者作出的评价：他们"所达到的高度是自己未曾想到的"。

这就不难看出人们对菲尔兹奖的重视，同时对青年数学家来说，这也是世界上最高的国际数学奖。

打电话的数学应用

　　每次当你拿起电话听筒打电话、发传真或发信息时，你就进入了非常复杂的巨大网络。覆盖全球的通信网是惊人的。很难想象每天有多少次电话在这网络上打来打去。一个系统被不同国家和区域的不同系统"分割"，它是如何运行的呢?一次电话是如何通向你的城市、你的国家或另一国家中的某个人的呢?

电话与数学网络

　　在早期电话史上，打电话的人拿起电话听筒，摇动曲柄，与接线员联系。一位本地接线员的声音从本地交换台来到线上，说"请报号码"，然后他把你同你试图通话的对方连接起来。如今，古老的电话敬语"请报号码"已经变成了一个庞大而复杂的数学网络。

　　你的声音是如何通过电话传播的? 你的声音产生声波，在听筒中转换成电信号。这些电信号可以是沿光纤电缆传递的激光信号，也可以自动转换成无线电信号，然后利用无线电或微波线路从一个国家的一座塔传送到另一座塔。

新型数字信号

　　在美国，大部分电话都是由自动交换系统接通的，各个通话可以沿着线路以特定的次序"同时"进行，直到它们被译码而传到各自的目的地。现在，电子交换系统是最快的，这系统有一个程序，程序里包含了有关电话运行的所有信息，并且能时刻了解哪些电话正在使用，哪些通道是可用的。

↓打电话的数学应用

用数学打一场胜战

二战迫使美国政府将数学与科学技术、军事目标空前紧密地结合起来，开辟了美国数学发展的新时代。1941至1945年，美国政府提供的数学研究与发展经费占全国同类经费总额的比重骤增至86%。美国的"科学研究和发展局"于1940年成立了"国家防卫科学委员会"，为军方提供科学服务。

阿基米德的数学军事应用

提起数学与军事，人们可能更多地想到数学可以用来帮助设计新式武器，比如阿基米德的传闻故事：阿基米德所住的王国遭到罗马人的攻击，国王请其好友阿基米德帮忙设计了各式各样的弩炮、军用器械，利用抛物镜面聚太阳光线，

焚毁敌人船舰等。

当然，这样的军事应用并没有用到较高层次的数学。并且，古时的数学应用于军事也只能到这种层次。《五曹算经》中的兵曹，其所含的计算，仅止于乘除；再进一步，也不过是测量与航海。

数学与军事，缺一不可

到了20世纪，科学发展促使武器进步，数学才真的可能与战事有密切的关系，例如数学的研究工作可能与空气动力学、流体动力学、弹道学、雷达及声呐、原子弹、密码与情报、空照地图、气象学、计算器等有关，而直接或间接影响到武器或战术。

方程在海湾战争中的应用

1991年海湾战争时，有一个问

题摆在美军计划人员面前，如果伊拉克把科威特的油井全部烧掉，那么冲天的黑烟会造成严重的后果。这不只是污染的问题，满天烟尘将导致阳光不能照到地面，引起气温下降，如果失去控制，造成全球性的气候变化，就可能造成不可挽回的生态与经济后果。五角大楼因此委托一家公司研究这个问题，这个公司利用流体力学的基本方程以及热量传递的方程建立数学模型，经过计算机仿真，得出结论，认为点燃所有的油井后果是严重的，但只会波及海湾地区以至伊朗南部、印度和巴基斯坦北部，不至于产生全球性的后果。这对美国军方计划海湾战争起了相当大的作用，所以有人说："第一次世界大战是化学战争(炸药)，第二次世界大战是物理学战争(原子弹)，而海湾战争是数学战争。"

预测军事的边缘参数

军事边缘参数是军事信息的一个重要分支，它是以概率论、统计学和模拟试验为基础，通过对地形、气候、波浪、水文等自然情况和作战双方兵力兵器的测试计算，在一般人都认为无法克服、甚至容易处于劣势的险恶环境中，发现实际上可以通过计算运筹，利用各种自然条件的基本战术参数的最高极限或最低极限，如通过计算山地的坡度、河水的深度、雨雪风暴等来驾驭战争险象，提供战争胜利的一种科学依据。

输在换弹的五分钟

在战争中，有时忽略了一个小小的数据，也会导致整个战局的失利。

二战中日本联合舰队司令山本五十六是一位"要么全赢，要么输个精光"的"拼命将军"。在中途岛海战中，当日本舰队发现按计划空袭失利，海面出现美军航空母舰时，山本五十六不听同僚的合理建议，妄图一举歼灭敌方，根本不考虑美军舰载飞机可能先行攻击的可能。他命令停在甲板上的飞机卸下炸弹换上鱼雷攻击美舰，想靠鱼雷击沉美军航空母舰来获得最大的打击效果，而完全忽略了飞机换装鱼雷的过程需要五分钟。结果，就在日军把炸弹换装鱼雷的时间里，日舰和"躺在甲板上的飞机"变成了活靶子，遭到美军舰载飞机的"全面屠杀"，日本舰队损失惨重。可见，忽略了这个看似很小的时间因素，损失是多么重大。

百科知识

第二章
神秘的数字

古代印度人创造了印度数字后，大约到了公元7世纪，这种数字传到了阿拉伯地区，成了阿拉伯数字。可见，阿拉伯数字起源于印度，但却是经由阿拉伯人传向四方的。这就是它们后来被称为阿拉伯数字的原因。

数字是怎么来的

根据资料记载，数字的发展经历了很长的时间。最古老的计数数目大概至多到"3"，为了要设想"4"这个数字，就必须把2和2加起来，5是2加2加1。较晚才出现用手的五指表示"5"这个数字和用双手的十指表示"10"这个数字，这个原则实际上也是我们计数的基础。

开启历史的《算盘书》

13世纪时，意大利数学家斐波那契写出了《算盘书》，在这本书里，他对印度数字作了详细的介绍。后来，这种数字从阿拉伯地区传到了欧洲，欧洲人只知道这些数字是从阿拉伯地区传入的，所以便把这些数字叫作阿拉伯数字。以后，这些数字又从欧洲传到世界各国。阿拉伯数字传入我国，大约是13到14世纪。由于我国古代有一种数字叫"筹码"，写起来比较方便，所以阿拉伯数字当时在我国没有得到及时的推广运用。20世纪初，随着我国对外国数学成就的吸收和引进，阿拉伯数字在我国才开始慢慢使用，至今才有100多年的历史。阿拉伯数字现在已成为人们学习、生活和交往中最常用的数字了。

印度人对世界文化的贡献

公元前3000年，印度河流域居

↓印度传来的阿拉伯数字

民的数字就已经比较先进，并采用了十进位制的计算法。到吠陀时代（公元前1400－公元前543年），雅利安人已经意识到数码在生产活动和日常生活中的作用，并创造了一些简单的、不完全的数字。后又经过发展变化，大约500年前才变成现在所使用的阿拉伯数字。当时数字的形体和现在的不同，经过几百年的演变，有些数字才和现在的相似。起初只有9个数字，并没有"0"。到了笈多时代（公元300－500年）才有了"0"，叫"舜若"，表示方式是一个黑点"●"，后来才渐渐变成"0"。这样，一套完整的数字便产生了。这就是古代印度人民对世界文化的巨大贡献。

印度数字的传播

印度数字首先传到斯里兰卡、缅甸、柬埔寨等国。七八世纪，地跨亚、非、欧三洲的阿拉伯帝国崛起，阿拉伯人如饥似渴地吸取古希腊、罗马、印度等国的先进文化，大量翻译其科学著作。公元771年，印度天文学家、旅行家毛卡访问阿拉伯帝国阿拔斯王朝（公元750－1258年）的首都巴格达，将随身携带的一部印度天文学著作《西德罕塔》献给了当时的哈里

发曼苏尔（公元757－775年），曼苏尔令人翻译成阿拉伯文，取名为《信德欣德》。此书中有大量的数字，因此称"印度数字"，原意即为"从印度来的"。

阿拉伯数学家花拉子密和海伯什等首先接受了印度数字，并在天文表中运用。他们放弃了自己的28个字母。9世纪初，花拉子密发表《印度计数算法》，阐述了印度数字及应用方法。

被"遗忘"的印度数字

随后，印度数字取代了冗长笨拙的罗马数字。

公元1202年意大利雷俄那多所发行的《计算之书》，标志着欧洲使用印度数字的开始。该书共15章，开章说："印度的九个数字是9、8、7、6、5、4、3、2、1，用这九个数字及阿拉伯人叫作'0'的记号，任何数都可以表示出来。" 14世纪时中国的印刷术传到欧洲，更加速了印度数字在欧洲的推广，使其逐渐为欧洲人所采用。西方人接受了经阿拉伯人传来的印度数字，但忘却了其创始者，而称之为阿拉伯数字。看似普通的阿拉伯数字，原来蕴藏着这么多的历史，凝结着人类祖先的智慧。

罗马数字——古文明的进步

　　举例来说，"I"（罗马数字1，英文中"我"的第一人称，拉丁字母i）的现代文化含义就是"每个自我都是一"，与中国人说"天人合一"多少有点相似，这样的意思表示是顺畅的，能为我们所理解。

什么是罗马数字

　　罗马数字是一种应用较少的数量表示方式。它的产生晚于中国甲骨文中的数码，更晚于埃及人的十进位数字。但是，它的产生标志着一种古代文明的进步。大约在两千五百年前，罗马人还处在文化发展的初期，当时他们用手指作为计算工具。为了表示一、二、三、四个物体，就分别伸出一、二、三、四个手指；表示五个物体就伸出一只手；表示十个物体就伸出两只手。这种习惯人类一直沿用到今天。人们在交谈中，往往就是运用这样的手势来表示数字的。

古文明进步的开端

　　罗马人为了记录那些数字，便在羊皮上画出Ⅰ、Ⅱ、Ⅲ来代替手指数数；要表示一只手时，就仿照大拇指与食指张开的形状写成"Ｖ"形；表示两只手时，就画成"ＶＶ"形，后来又写成一只手向上，一只手向下的"Ｘ"，这就是罗马数字的雏形。

　　后来为了表示较大的数，罗马人用符号C表示一百。C是拉丁字"century"的头一个字母，century就是一百的意思。用符号M表示一千。M是拉丁字"mille"的头一个字母，mille就是一千的意思。取字母C的一半，成为符号L，表示五十。用字母D表示五百。若在数的上面画一横线，这个数就扩大一千倍。这样，罗马数字就有下面七个基本符号：

I（1）、X（10）、C（100）、M（1000）、V（5）、L（50）、D（500）

罗马数字的意义

罗马数字与十进位数字的意义不同，它没有表示零的数字，与进位制无关。用罗马数字表示数的基本方法一般是把若干个罗马数字写成一列，它表示的数等于各个数字所表示的数相加的和。但是也有例外，当符号Ⅰ、Ⅹ或C位于大数的后面时就作为

加数；位于大数的前面就作为减数。例如：Ⅲ＝3，Ⅳ＝4，Ⅵ＝6，ⅩⅨ＝19，ⅩⅩ＝20，ⅩLⅤ＝45，MCMⅩⅩC＝1980。

罗马数字因书写复杂，所以现在的应用面很小。有的钟表用它表示时数；小说、文章的章节及科学分类时也有用罗马数字的。

罗马数字的文化意义

罗马数字是以现在普遍使用的拉丁字母来表示的，它和拉丁字母诞生在同一个区域，即现今的意大利，诞生的时间也相差无几，是在公元元年前后这段时间。所以，尽管罗马数字在现今世界并不流行，但是它的文化内涵却相当重要，原因就在于它是和拉丁字母同时同地产生的，是对拉丁字母一种侧面的社会反映。而拉丁字母组成了现今在英文和欧洲语言中使用最重要、最广泛的符号工具。

↓用罗马数字表示的表盘

有趣的数字生命

人一生的时间，从摇篮到坟墓，大概有2475576亿秒。这个庞大数字，令人惊诧。然而对于宇宙来说，它不过如大海聚沫，刹那生灭。

梦境与时间

我们一生都在做梦，到了78.5岁时，我们编织的梦约有104390个。梦幻和记忆一样，给人的感觉是虚无缥缈的。但事实上，记忆和梦幻是我们所能拥有的最不朽的东西。

你一生吃掉的豆子

现代生活创造出了一些物美价廉而又方便的食品，如富含高蛋白的罐装豆子等。日啖黄豆300颗，

我们一生要吃掉的豆子，大概就足以填满一个大浴缸。美中不足的是，豆子会引发令人尴尬的生理现象——放屁。不过，人孰无屁呢？平均下来，我们一天要放12次屁，释放气体总量约1－1.5升。如果有谁把每个屁都收集起来，然后点燃，将会看到一个体积达35815升的火球。

寿命与语言

现在人类的平均寿命达到78.5岁。这些年中，我们要撕去4239卷卫生纸。我们一生的粪便重量绝对令人晕眩——2865千克。考虑到我们摄入的食物超过50吨，此数也并不算大。这也表明，我们的身体的确是一部高效能的机器。

在全球范围内，平均每人一生认识的人为1700个。而且不论何时，你的社交圈里大概都会常有300个人与你"你来我往"。人类的语言极

为丰富，每种语言平均拥有约2.5万个单词或者字。世界上单词量最多的语种是英语，超过50万个。我们一天平均约要说4300个词语，一生可能用到的词汇总量是1232亿多个。

沐浴与时间

我们经常沐浴，如果我们用一只小鸭子来代表你洗过一次澡，那么这些小家伙的数量加起来将是7163只。洗这么多次澡，要使用将近100万升水。每次洗澡使用沐浴液时，都应该念叨一遍：其化学成分要用800年的时间才能完全溶解于水。为了塑造百变形象，我们必须拥有一个巨大的衣柜。为了洗衣服，每个人又要向水中注入570千克化学品。

你一生所消耗的

我们一生平均要用坏3.5台洗衣机、3.4台电冰箱、3.2台微波炉、4.8台电视机、15台电脑。制造一台个人电脑平均需要至少240千克石油和22千克化学品，再加上在生产过程中需要1.5吨水，因此你的台式电脑在出厂之前，所耗的

原料就已经有一辆大型汽车那么重了。每个人一生都要制造约40吨垃圾，可以把两个集装箱填得满满当当。

将"生命"放在家里

现在，我们无须走出大门，就能了解全世界。我们每天看电视的时间平均是148分钟，一年就是900小时，一生就是2944天。也就是说，我们要在这个盒子面前坐上整整8年。 电视魅力巨大，但它并没有完全取代书本。一生中我们平均要读533本书。除了书，我们一生当中平均读到的报纸大概有2455份，总重量达到1.5吨。然而问题是，为了制成533本书和2455份报纸，我们需要砍掉24棵大树。

一般说来，我们一生平均会看314次病，而每次我们都会拿到一张处方。到了60岁，我们看病的次数将达到一年35次。我们一生吃下的药片大概有3万粒。

↓有趣的数字生命

数字中蕴涵的哲理

4+4等于8，2+6等于8，6+2也等于8，但有人却奇迹般地让2+6或6+2大于4+4，这是为什么呢？

世界著名大桥金门大桥

金门大桥是世界著名大桥之一，被誉为近代桥梁工程的一项奇迹，也被认为是旧金山的象征。

金门大桥的设计者是工程师施特劳斯，人们把他的铜像安放在桥畔，用以纪念他对美国作出的贡献。大桥雄峙于美国加利福尼亚州宽1900多米的金门海峡之上。金门海峡位于旧金山海湾入口处，两岸陡峻，航道水深，为1579年英国探险家弗朗西斯·德雷克发现，并由他命名。

金门大桥的算术题

金门大桥是"4+4"的8车道模式，但由于上下班的车流在不同时段出现两个半边分布不均匀的现象，所以桥上经常发生堵车问题。为了解决这一问题，美国当地政府决定在金门大桥旁边再建造一座大桥。一位年轻人得知这个消息后，向当地政府建议，不建大桥也能很好地解决桥上堵车问题。年轻人说，在桥面不增宽的情况下，可以在有限的8车道上做文章，完全可以让"8"大于"8"。

利用有限的资源

这位年轻人的妙计就是，把原来的"4+4"车道模式，按上下班的车流不同，改为"6+2"模式或"2+6"模式。也就是说，在上班

或下班这个特殊的时段，车流拥挤的一边，扩展为6车道，而另一边则缩减为2车道，但整个桥面的车道仍是8车道。

当地政府采纳了年轻人的建议，从此大桥堵车的问题很好地得到了解决。而就是这个金点子，为当地政府节约了再建大桥的上亿元资金。

看来，人生的最大资源，不是你开发了多少，而是你充分利用了多少。

第二章 神秘的数字

↓金门大桥的桥面就运用了数学知识

金字塔隐藏的秘密

墨西哥、希腊、苏丹等国都有金字塔，但名声最为显赫的是埃及的金字塔。埃及是世界上历史最悠久的文明古国之一。金字塔是古埃及文明的代表，是埃及国家的象征，是埃及人民的骄傲。

为什么叫它"金字塔"

金字塔，阿拉伯文意为"方锥体"，它是一种方底、尖顶的石砌建筑物，是古代埃及埋葬国王、王后或王室其他成员的陵墓。它既不是金子做的，也不是我们通常所见的宝塔形。由于它规模宏大，从四面看都呈等腰三角形，很像汉语中的"金"字，故中文形象地把它译为"金字塔"。埃及迄今发现的金字塔共约八十座，其中最大的是以

高耸巍峨而名列古代世界七大奇迹之首的胡夫大金字塔。在1889年巴黎埃菲尔铁塔落成前的四千多年的漫长岁月中，胡夫大金字塔一直是世界上最高的建筑物。

在4000多年前生产工具落后的中古时代，埃及人是怎样采集、搬运数量如此之多，每块又如此之重的巨石垒成如此宏伟的大金字塔，真是十分难解的谜。

胡夫大金字塔的四边正对着东南西北四个方向。越来越多的天文学和数学业余爱好者根据文献资料中提供的数据对大金字塔进行乐此不疲的研究。经过一次次计算，人们发现胡夫大金字塔令人难以置信地包含着许多数学上的原理。

神奇的金字塔

有人对最大的金字塔——胡夫大金字塔测量和研究后，提出了许多蕴涵在大金字塔中的数字之谜。

譬如延伸胡夫大金字塔底面正方形的纵平分线至无穷则为地球的子午线；穿过胡夫大金字塔的子午线，正好把地球上的陆地和海洋分成均匀的两半，而且塔的重心正好坐落在各大陆引力的中心。

大金字塔塔高乘以10^9就等于地球与太阳之间的距离。大金字塔不仅包含着长度的单位，还包含着计算时间的单位：塔基的周长按照某种单位计算的数据恰为一年的天数；大金字塔在线条、角度等方面的误差几乎等于零，在107米的长度中，偏差不到0.006米。

大金字塔4个底边长之和，除以

↓金字塔隐藏着无数秘密

高度的两倍，即为3.14——圆周率。

大金字塔本身的重量乘上10^{15}恰好是地球的重量。

大金字塔的塔基正位于地球各大陆引力中心。大金字塔的尺寸与地球北半球的大小，在比例上极其相似。大金字塔的对角线之和，正好是25826.6这个奇怪的数字，在距塔顶高三分之一的地方是金字塔能量最强的地方。大金字塔高度的平方，约为21520米，而其侧面积为21481平方米，这两个数字几乎相等。

从大金字塔的方位来看，四个侧面分别朝向正东、正南、正西、正北，误差不超过0.5度。在朝向正北的塔的正面入口通路的延长线

上，放一盆水代替镜子，那么北极星便可以映到水盆上面来。

金字塔的数字巧合

让人感到吃惊的并不是胡夫金字塔的雄壮身姿，而是发生在胡夫金字塔上的数字"巧合"。科学家将14659万千米作为地球与太阳之间平均距离的一个天文度量单位。而胡夫金字塔的高度146.59米乘以十亿，其结果正好是14659万千米。这是巧合吗？很难说。因为胡夫金字塔的子午线，正好把地球上的陆地与海洋分成相等的两半。难道埃及人在远古时代就能够进行如此精确的天文与地理测量吗？

出乎人们意料的数字"巧合"还在不断地出现，早在拿破仑大军进入埃及的时候，法国人就对胡夫金字塔的顶点引出一条正北方向的延长线，那么尼罗河三角洲就被对等地分成两半。现在，人们可以将那条假想中的线再继续向北延伸到北极，就会看到延长线只偏离北极的极点6.5千米，要是考虑到北极极点的位置在不断地变动这一实际情况，可以想象，很可能在当年建造胡夫金字塔的时候，那条延长线正好与北极极点相重合。

谁给我们留下这个迷

有人说："数字是可以任人摆布的东西，例如巴黎埃菲尔铁塔的高度为299.92米，与光速299776000米/秒相比，前者正好是后者的百万分之一，而误差仅仅为千分之0.5。可这一切难道仅仅是巧合吗？还是人们对于光速已经有所了解呢？如果不是为了显示设计者与建造者的智慧，也就无需在1889年以修建铁塔的方式来展示这一对比关系吧。"

除了这些数字以外，胡夫金字塔的底部面积如果除以其高度的两倍，得到的商为3.14159，这就是圆周率，它的精确度远远超过希腊人算出的圆周率3.1428，与中国的祖冲之算出的圆周率在3.1415926－3.1415927之间相比，几乎是完全一致的。同时，胡夫金字塔内部的直角三角形厅室，各边之比为3：4：5，体现了勾股定理的数值。

所有这一切，都合情合理地表明这些数字的"巧合"其实并不是偶然的，这种数字与建筑之间完美地结合在一起的金字塔现象，也许是古代埃及人智慧的结晶。

数字照妖镜 "666"

《西游记》第六十一回记叙了这么一件事："哪吒取出火轮儿挂在那老牛的角上，便吹真火，焰焰烘烘，把牛王烧得张狂哮吼，摇头摆尾。才要变化脱身，又被托塔天王将照妖镜照住本相，动弹不得，无计逃生。"

神秘数字照妖镜

照妖镜是《西游记》等神怪小说里多次提到的一种宝镜，用来照妖的。不管妖精变化成什么模样，照妖镜一照，立马现了原形。凡是被照住本相的妖，即使是牛魔王级别的，也是"动弹不得，无计逃生"，丧失了行动变化能力。有趣的是，在数学里面，也确实有一面照妖镜，那就是66666……67，这个数字是漫无止境的，前面你可以随便添加多少个6，不过最后一位数一定得是7。

神奇的 "算命"

假定有一个数字妖精隐藏了原形，它是一个多位数，但我们不知道它是谁。为了便于说明，我们不妨假定它是一个四位数。现在，用来乘以6667，不用完全透露出它的结果——当然了，要是知道了乘积，拿它来除以6667不就知道是多少了吗？我们不用知道这个数和6667相乘的积，只需要知道它的四位尾巴就行了，然后就可以告诉你这个数是多少。

这个也未免太神奇了吧？有点像算命呢。一点也不假，只需要这四位尾巴，我们就可以让它现出原形，把它暴露在光天化日之下。

随便用一个数字来加以说明，例如乘积的尾巴是5632，在得知此数后，只要把它乘以3，再截取后4位，即可以知道，原数必然是6896。

诞生在印度的 "0"

在人类古代文明进程中，数字"0"的发明无疑具有划时代的意义。有了"0"，不仅使计位数字的表达简洁明了，使得数学运算简便易行，而且从"0"的概念出发，发展出逼近零的无穷小数从而产生导数，进而产生微分和积分。可以毫不夸张地说，"0"是数字中最重要和最具有意义的数。没有"0"，便没有现代数学，也就没有在此基础之上建立的现代科学。

最有意义的 "0"

数字"0"是印度人发明的。有意思的是，与印度有过同样辉煌灿烂历史的其他文明古国，如古希腊、古埃及、古代中国，以至于古代玛雅文化都与"0"失之交臂。

这是历史的偶然还是必然？在回答这个问题之前，有必要了解一下古代人的计数方法。

各种各样的计数法

中国古代在计数中是没有"0"的。中国文化很早就产生了"空位"的概念，例如八卦中用"—"和空位表示"有"和"无"，即1和0，用以计数1到64。在这一表示中，没有"0"的符号，也没有运算的关系。之后，古代中国人发明了一种"算筹计数法"，对此《孙子算经》中编有押韵的顺口溜："凡算之法，先识其位。一纵十横，百立千僵，千十相望，万百相当。"前两句说明数位在计数中的重要意义，后四句则指明了摆放算筹时的一般规则：个位数用纵式，十位数用横式，百位用纵式，千位用横式，万位用纵式，依此类推，交替使用纵横两式。遇到空位，算筹计算法的解决方式是不放算筹，成为空档。

"0" 的发展

在印度人发明 "0" 又过了600多年后，到了11世纪，经阿拉伯商人作中转，变成了 "阿拉伯数字"，才迁移到了西方。

"0" 的孕育时间是如此漫长，被人们接受又是如此费尽周

折。显然，"0" 这一符号孕育着人类思想的巨大变革，是人类文化的一次认识飞跃。它必然与当时的印度文化紧密关联，是印度文化的结晶。

到了1202年，意大利出版了一本重要的数学书籍叫《计算之书》，书中广泛使用了由阿拉伯人改进的印度数字，它标志着新数字在欧洲使用的开始。这本书共分十五章，在第一章开头就写道：

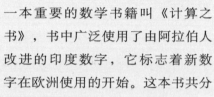
↓诞生在印度的 "0"

"印度的九个数字是9、8、7、6、5、4、3、2、1，用这九个数字及阿拉伯人叫作'0'的记号，任何数都可以表示出来。"

由此我们可以看出，"0"是从"位值制"计数中产生出来的，是用来代替空位的符号。不过，印度人发明的符号"0"要晚于其他的九个数字符号，而且这一晚就是500多年！

古代印度人不仅发明了零，而且赋予了"无"存在的意义；与此同时，印度教对"有"添加了"虚无"色彩，比如重来世而轻今生，相信因果轮回，将现世赋以虚值。从中，我们或许可以感觉到，零的发明似乎注定在古代的印度文明而不是其他古代人类文明之中。

"0"与印度文化

英国自然史学家李约瑟博士推测，印度文化中的"虚空"概念是产生"0"的思想基础。印度人发明的"0"，并不完全等同于作为数字间的空位，而是作为在正数和负数之间的真实存在。"0"不是没有，而是真真切切的"有"——虚空！这真让人费解，的确，理解真实存在的"没有"要比理解填补空位的符号困难得多。

↓"0"与印度文化渊源颇深

神秘数字 "5"

　　"5" 的神秘，我们已有领会。5根手指，五角星，一般的花有5瓣，人有五官五脏。为什么不是其他的数字，而是 "5" 呢？

神秘的 "5"

　　"5"，还是数字的循环期限，如果现在你有空，不妨按照下面的规则做一遍。任取两数，如π和32，称π为第一数，32为第二数；将第二数加1除以第一数，结果作为第三数；将第三数加1除以第二数，结果作为第四数……如此循环下去。也许你会觉得枯燥，但是当你算到第五步也就是第六个数出现时，你会惊奇地发现计算器上显示的数就是π！π又回来了！

　　（由于计算器只显示8位数，所以会有误差），这是为何？为何又只需5步？

玄机还是妙算

　　其实没有什么玄妙，用一般的代数方法就可以证明，只是不多不少，刚好是5步！由此我们可以这样说，在这样的运算中，"5" 是数字循环的周期，第一数与第六数相等，第二数与第七数相等……

　　在代数里，一元一次方程，二次、三次方程，都可以用系数来表达解，而刚好五次方程就不能表示。

　　5平方后，尾数是5，不管5的多少次方，尾数都是5，据此推下去，就是一个非常重要的数——守尾数的出现，它直接导致这样的结果：方程$X^2=X$有4个解！

"5"的多面性

在象征天地之气的洛河图里，"5"在中心，足见"5"是一个支配天地之气的数字。

中国自古就有"6"是阴数，"9"是阳数之说，而 $5=2^2+1^2$，$6=5+1^2$，$9=5+2^2$，是否说明5是代表阴阳平衡的数字呢？

在几何里，有且只有5种多面体。

在地图上，不可能有五块连续区域两两相邻，这就是著名的四色定理。

神奇的五角星

五角星形的起源甚早，现在发现最早的五角星形图案是在幼发拉底河下游马鲁克地方（现属伊拉克）发现的一块公元前3200年左右制成的泥版上。古希腊的毕达哥拉斯学派用五角星形作为他们的徽章或标志，称之为"健康"。

↓数字"5"

幸运数 "7"

在自然数中，"7"也是一个特殊、有趣的数字。生活中很多东西都和"7"有着密切的联系，每项和"7"有关的事物都让人觉得神奇：人有"七窍"、太阳光由七种颜色组成、每周有七天、女性的生理期也一般为七天、算盘设有七粒珠子、简谱有七个音符、水的pH是7（中性值）、七绝韵律诗、古老的七月初七节、瓢虫背上有七点、北斗有七星、地球陆地分七大洲、世界七大奇迹，甚至童话故事里有七个小矮人、神话中有七仙女……

自然界里的 "7"

如果用三棱镜对着阳光，那阳光将折射出赤橙黄绿青蓝紫七彩；跨越天际的彩虹也是这七种颜色。七种颜色，构成整个世界的所有景色。

我们目前还不太清楚自然界有没有七足动物，但却肯定有七叶植物。不过，这些七叶植物必须是有头叶、有首领叶的植物，才可以有7、9、11等奇数叶。在黄河流域和北京、江浙均栽植有七叶树，两广、贵州等地盛产七叶莲。这种七叶植物的大量存在，说明"7"在数学上虽不对称，但在生物界却是首叶居中、两两成行，而且枝繁叶茂的奇数叶，恰恰和人类"有头叶、有首领叶"才有社会的合理结构相似。

星空的北斗星由七颗星组成，仰望"斗转星移"，按北斗星的指示还能看见永远悬在正北方的北极星。

七大洲

学过地理知识的人都知道，

地球上有七大洲四大洋，并且他们原来是并在一起的，后来因为地壳运动，慢慢分裂成七块。如果仔细看看世界地图，就会发现南美洲的东海岸与非洲的西海岸是彼此吻合的，好像是一块大陆分裂后，两边的陆地越漂越远。奥地利人魏格纳在1915年出版的《海陆的起源》一书中提出了大陆漂移学说，用科学来解释这个现象。他认为，全世界实际上只有一块大陆，称泛大陆。由于地下结构层次较轻，就像大冰山浮在水面上一样，又因为地球由西向东自转，南、北美洲相对非洲大陆是后退的，而印度和澳大利亚又是向东漂移。经过漫长时间的演化，形成了现在的七大洲四大洋。至于为什么会正好分成七个大洲呢？也许只是巧合吧。

◆ 科学世界里的"7"

在数学世界里，"7"只是一个自然数，在计数上没什么特别之处。然而在运算上"7"却是一个脾气古怪、神秘特异、不对称、不可约、不可分解的素数。素数就是只能被1和自己除尽的大于1的自然数。2、3、5、7都是素数，2的倒数是0.5，5的倒数是0.2，其他数字的倒数是普通的小数，唯独7的倒数是"在圆环内转圆"的无限循环小数。

再把"7"放到音乐世界里，它瞬间就变成了艺术之神。"哆、来、咪、发、梭、拉、西"七个音符组成了一个奇妙的音乐世界。

再看看化学里的"7"。pH是化学上用以衡量液体酸碱性比值的表示符号。pH大于7，物质呈碱性；pH小于7，物质呈酸性；唯有pH等于7时，物质才呈现中性。因此，7是酸碱度的中点，又是人们追求的标准数，获得7这一数字，食物不酸不碱，酸甜可口。也可以说，7表达了大自然中事物的适度与恰如其分，是大自然的中庸之道。

在心理学中，"7"是一个被学者认为"不可思议"的数字，多数人的短时记忆容量最多只有7个，超过了7个，就会发生遗忘，因此多数人都把记忆内容归在七个单位之内。

↑ 幸运数"7"

第三章

一个都不能少——符号、单位

在公元前8000年至公元前3500年间，苏美尔人发明了使用黏土保留数字信息。他们的做法是将各种形状的小的黏土记号像珠子一样串在一起。从大约公元前3500年开始，黏土记号逐渐被数字符号取代。这些数字符号是使用圆的笔针刻在黏土块上，然后烧制而成的。大约公元前3100年，数字符号与被计数的事物分离，成为抽象的符号。

度量衡——中国古代计量史

我国最早的货币是贝，即一种海生的贝壳。贝是以"朋"为单位，一朋就是一串，后来由于交换的发展，天然海贝来源不足，人们开始使用仿制的石贝、骨贝。继而用铜来铸造，造的样子也模仿贝，叫做钢贝。铜贝当然不能再以朋为单位，而以"乎"为单位。"乎"是重量单位，因为铜贝是金属货币。

度量衡和计时的传说

中国古代以度量衡和时间为主要内容的计量技术，有着悠久的历史，早在父系氏族社会，度量衡和计时已是农业文明的基础。传说在黄帝时代已发明了以干支记日、月，继而尧命舜、禹二人参照日、月、星辰定历法。舜前往东方进行巡视，在部落联盟议事，商讨把四时之气节、日之大小、日之甲乙、度量衡的齐同、乐律声音的高低都统一起来。禹开始治理水患，划分九州，"身为度，称以出"，以人体为基准建立度量衡标准。

虽然上述小故事都是后人传说，却在一定程度上反映了先民们的自然哲学观念。

↓现代常见的度量衡

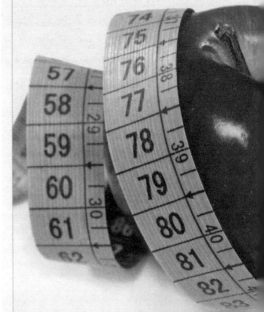

秦始皇大一统功不可没

计量制度的建立，单位标准的确立虽然都是人为的，但必须具有权威性。公元前221年，秦始皇下诏书统一全国度量衡，又将诏书加刻在量器的底部。一件量器所刻铭文，向后人讲述了秦国几百年的历史，它的重要意义远远超过了器物本身。秦始皇统一度量衡几乎是世人有口皆碑的历史功绩。秦权、秦量出土地域之广、数量之多，令人惊叹。据粗略统计，出土地域囊括了被统一的每一个诸侯国旧地，数量多达百余件。这些都展示了秦始皇统一度量衡的决心和雄才大略。

后经汉代的改进、完善，成文于典籍而被历代遵循，奉为圭臬。此后每经改朝换代，都要探究古制之本，以确定当朝度量衡和计时单位标准。历代流传下来的度量器物不断被发现，其传承关系明确便是有力的证明。直至清朝，无论是度量衡还是计时制度，都

是对秦汉古制的沿袭。今天陈列在北京故宫博物院太和殿前的鎏金铜嘉量和晷就是有力的物证。

传承古代科学文明的光辉

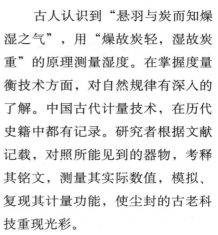

古人认识到"悬羽与炭而知燥湿之气"，用"燥故炭轻，湿故炭重"的原理测量湿度。在掌握度量衡技术方面，对自然规律有深入的了解。中国古代计量技术，在历代史籍中都有记录。研究者根据文献记载，对照所能见到的器物，考释其铭文，测量其实际数值，模拟、复现其计量功能，使尘封的古老科技重现光彩。

中华悠久的文明史流传下来大量的珍贵文物，其中有许多与计量有关的器物和文字资料，记录和讲述了一个个生动而有价值的故事。如考古学家曾统计过，在100多座春秋战国时期楚国的墓葬中，出土了数量不等的天平、砝码，它们是用来称量可切割的黄金货币的。千百年来，我们的祖先们不断进行计量测试实践活动，在认识自然、改造自然中积累了丰富的知识和经验，留下了弥足珍贵的度量衡文物，在中国灿烂的古代科学文明中，谱写下光辉的一页。

祖冲之与计量单位

　　祖冲之一生的科学工作，大都与计量有关。他有着丰富的计量实践。在给宋孝武帝所上请求颁行《大明历》的表中，他曾经提到，在治历实践中，他常常"亲量圭尺，躬察仪漏，目尽毫厘，心穷筹策"，自己动手进行测量和推算。测量离不开择定基准、核对尺度，测量本身不可避免还会涉及精度问题，这都与计量单位有关。对这些问题的重视，使他很自然地步入了计量科学领域。

祖冲之对测量精度和尺度标准的重视

　　精度问题是促进计量进步的重要因素，祖冲之对其十分重视。他曾经指出："数各有分，分之为体，非细不密。" 所谓"细"，

即是指测量数据的精度要高，他认为，只有高精度的测量，才能使测量结果与实际吻合。他不但在理论上高度重视精度问题，而且在实践中身体力行，努力追求尽可能高的测量精度。他自称在测量和处理各类数据时的指导思想是"深惜毫厘，以全求妙之准；不辞积累，以成永定之制"。他在测量实践中的"目尽毫厘"，在推算圆周率时精确到小数点后第7位，就是其重视精度的具体表现。正是这种重视，使他在计量科学领域取得了令人景仰的成就。

西晋荀勖考订音律

　　在对计量基准的择定方面，祖冲之特别重视前代计量标准器的保存和传递，这便是西晋荀勖考订音律的成果。

　　荀勖考订音律的事情发生在西晋初期。晋朝立国之后，在礼乐

方面沿用的是曹魏时期杜夔所定的音律制度。但是，杜夔所定的音律并不准确，晋武帝泰始九年（公元273年），荀勖在考校音乐时，发现了这一问题，于是受晋武帝指派，做了考订音律的工作。荀勖通过考订音律，检得古尺短世所用四分有余，并制作了新的标准尺，并对之作了一系列的测试。测试结果表明，他的新尺符合古制，制作是成功的。

荀勖律尺的制作成功，在当时影响很大，著名学者裴𬱟上言："宜改诸度量。若未能悉革，可先

↓祖冲之塑像

花梨木尺 [?]

尺一端呈削尖状，尺全长29.6厘米，尖头内2.1厘米处开始刻度，分刻9寸，9寸长27.5厘米，寸下刻分，折合10寸尺30.56厘米。

铜对

铜质、尺为镇尺

↑度量衡铜对尺

改太医权衡。此若差违，遂失神农、岐伯之正。药物轻重，分两乖互，所可伤夭，为害尤深。"卒不能用。

裴颜的建议未被采纳，荀勖律尺就只能限于宫廷内部考订音律时使用。

极为重视计量单位

祖冲之能搜罗到荀勖律尺，殊为不易。因为荀勖律尺只是用来调音律，并未落于民间，不可能在社会上流传，一般人是难以觅其踪迹的。而在宫廷中保存，也同样难逃厄运。西晋末年，战乱大起，京城洛阳被石勒占领，晋朝皇室匆忙南迁，各种礼器，尽归石勒，以至于东晋立国之时，礼乐用器一无所有。这种状况直到东晋末年，也未得到彻底改善。在这种情况下，荀勖律尺的命运，也好不到哪里去。而从西晋灭亡到祖冲之的时代，时间又过去了100多年，因此，祖冲之要搜寻荀勖律尺，难度可想而知。但祖冲之最终还是找到了该尺，并把它传给了后人，这样，李淳风才能以之为据考订历代尺度。这件事情本身表明，祖冲之对尺度的标准器问题是非常重视的。

调皮的数学符号

一套完整的计数符号出现的意义，从简单来说是让我们的祖先从只有"1""2"少数几个数字的概念，扩展到今天大家能掌握成千上万个数。说复杂点儿，数学符号的出现，对进行数学概念和规律方面的研究都起到了很好的帮助作用。

什么是文章数学

数学符号的产生，为数学科学的发展提供了有利的条件。首先，提高了计算效率。古时候，由于缺少必要的数学符号，提出一个数学问题和解决这个问题的过程，只有用语言文字叙述，就像做一篇短文，难怪有人把它称为"文章数学"。

数学符号的由来和作用

"文章数学"这种表达形式很不方便，严重阻碍了数学科学的发展。当数量、图形之间的关系能够用适当的数学符号表达后，人们就可以在这个基础上，根据自己的需要，深入进行推理和计算，因而能更迅速地得到问题的解答或发现新的规律。其次，数学符号缩短了学习的时间。初等数学发展到今天，已有两千多年的历史，内容非常丰富，而其中主要的内容今天能够在小学和中学阶段学完，这里数学符号是起到一定作用的。例如，我们的祖先开始只有"1""2"少数几个数字的概念，而今天幼儿园的小朋友就能掌握几十个这样的数。分析原因，除了古今生活条件不同，人们的见识差别极大以外，主要是由于今天已有一套完整的计数符号，人们容易掌握。第三，数学符号推动了深入的数学研究。我们研究数

↑ 简单的加减法

学概念和规律，不仅需要简明、确切地表达它们，而且对它们内部复杂的关系，需要深入地加以探讨，没有数学符号的帮助，进行这样的研究是十分困难的。

酒桶上的加减号

加号曾经有好几种表示方式，现在通用"+"号。"+"号是由拉丁文"et"（"和"的意思）演变而来的。16世纪，意大利科学家塔塔里亚用意大利文"più"（加的意思）的第一个字母表示加，草为"μ"，最后都变成了"+"号。

"－"号是从拉丁文"minus"（"减"的意思）演变来的，简写为m，再省略掉字母，就成了"－"了。

也有人说，当时卖酒的商人为了知道酒桶里到底卖掉了多少酒，就用"－"表示。当把新酒灌入大桶的时候，就在"－"上加一竖，意思是又在里面添加了酒。这样"－"就成了个"+"号。

到了15世纪，德国数学家魏德美正式确定："+"表示加号，"－"表示减号。

历经改变的乘除

乘号曾经用过十几种，现在通用两种。一个是"×"，最早是英国数学家奥屈特1631年提出的；一个是"·"，最早是英国数学家赫锐奥特首创的。德国数学家莱布尼茨认为："×"像拉丁字母"X"，所以加以反对，而赞成用

"·"号。他自己还提出用"∩"表示相乘。可是这个符号现在被应用到集合论中去了。

到了18世纪，美国数学家欧德莱确定，"×"作为乘号。他认为"×"是"+"斜起来写，是另一种表示增加的符号。

"÷"最初并不表示除，而作为减号在欧洲大陆长期流行。18世纪时，瑞士人哈纳在他所著的《代数学》里最先提到了除号，它的含义是表示分解的意思，"用一根横线把两个圆点分开来，表示分成几份的意思"。至此，"÷"作为除号的身份才被正式承认。

变来变去的等号

16世纪时，法国数学家维叶特用"="表示两个量的差别。可是英国牛津大学数学、修辞学教授雷科德觉得，用两条平行而又相等的直线来表示两数相等是最合适不过的了。

于是"="就从1540年开始用来表示等于。1591年，法国数学家韦达在菱形中大量使用这个符号，才逐渐为人们接受。17世纪德国莱布尼茨广泛使用了"="号，他还在几何学中用"∽"表示相似，用"≌"表示全等。

其他符号

大于号"＞"和小于号"＜"，是1631年英国著名代数学家赫锐奥特创立的。至于"⪈""⪇""≠"这三个符号的出现，是很久以后的事了。大括号"{ }"和中括号"[ ]"由代数创始人之一魏治德所创造。

 "√‾"的来历

平方根号曾经用拉丁文"Radix"（根）的首尾两个字母合并起来表示。

最早用"√‾"表示根号的，是法国数学家笛卡尔。17世纪，笛卡尔在他的著作《几何学》一书中首先用了这种数学符号。

"√‾"这个符号表示两层意思：左边部分"√"是由拉丁字母"r"演变而来的，它表示"root"即"方根"的意思；右上部的一条横线，正如我们已经习惯的表示括号的意思，也就是对它所括的数求方根。正因为"√‾"既表示方根，又表示括号，所以凡在运算中遇到"√‾"，必须先作括号内的算式，然后再作其他运算。也就是说先要作根号内运算。

小数点的大用场

　　不论多大的数目，以十进位法的计数方式，都只需要0到9的十个数字，便能够轻易地表达出来。那么，为什么还要有小数点呢？因为将整数放大2倍、5倍、10倍……所得到的数字都还是整数，但如果把整数分割成1/2、1/5、1/10……所得到的数字就不一定是整数了，只得再创造出小数以补不足。因为小数也是用0到9的十个数字表示，所以必须另外用个符号，也就是小数点符号，来标识小数跟整数部分，以方便区别。

中国人最早应用小数

　　小数中间的圆点"."叫作小数点。在小数左边的是整数部分，在小数右边的是小数部分，小数点点在个位的右下角。小数点实际上是小数中的整数部分与小数部分分界的标志。例如，在25.49这个小数里，25是整数部分，小数点后边的"49"是小数部分。又如：0.3这个小数，0是整数部分，小数点右边的"3"是小数部分。

　　世界上最早应用十进制小数的是中国。早在公元263年时，我国古代大数学家刘徽在他的《〈九章算术〉注》一书中，把开方开不尽时说成"微数"，就指的是小数。这比第一个系统地使用十进制分数的伊朗数学家阿尔·卡西要早1200年，比荷兰数学家斯蒂文所著、1585年在莱顿出版的《论十进》早1300年以上。在《论十进》这本书里，欧洲人才第一次明确地阐述了小数理论。其小数写法是，用没有数字的圆圈把整数部分与小数部分隔开。小数部分每个数后面画上一个圆圈，记上表明小数位数的数字。

　　14世纪，中国元代的刘瑾，在

《律吕成书》中，提出了世界最早的小数表示法，它把小数部分降低一格来写。

15世纪上半叶，伊朗的阿尔·卡西采用垂直线把小数中的整数部分和小数部分分开，在整数部分上面写上"整的"。同时他把整数部分用黑墨水书写，而小数部分则写成红色的。这样小数就成了半边黑半边红的数了。

谈到小数点的使用，那还是在1593年，有一位德国数学家叫克拉维斯，他首先使用小黑点作为整数部分与小数部分分界的符号。1608年他发表的《代数学》中，将小数点公之于世。从此，小数的现代记法被确定下来。

总之，世界上认识并应用小数最早的是中国人。从上述小数发展史，我们可以看到中国早在两千多年前的春秋战国时期，创造的十进制计数法和整数、小数、分数的四则运算法则是非常先进的。在数值计算的发展和应用方面，古代中国在世界上是遥遥领先的，这是我们

↓小数点在生活中随处可见

曹冲称象与计量的进步

在现实生活中，计量是人们常用到的数学概念。计量在生活中不仅发挥着重要的作用，而且应用也十分广泛。但是，计量作为数学的重要组成部分，在实际运用过程中，并不像人们想象的那么简单，有时候，人们也会因为计量不准确而造成很大的影响及损失。所以，无论如何你也要学好数学。只有这样，你才能在计量的过程中少吃亏或不吃亏。

曹冲称象与替代衡量法

大家都知道曹冲称象的故事吧。那么曹冲小小年纪为什么就能解决称量大象的难题呢？这是因为曹冲年龄虽小（当时年仅十二三岁），但已参与接触了不少社会实践。当时正值战争时期，出身军事世家的曹冲在孩提时就常在军中戏耍，对作为重要军事运输工具的舰船非常熟悉，也经常看到船工通过观察吃水线估算粮草、军需品载重量的情形。加之曹冲天资聪慧，平时就善于观察、勤于思考，因此他联想到了以船做秤，巧妙地称出了大象的重量。

曹冲称象的方法是符合科学道理的，以现在的衡量理论去分析，可以发现，这种巧妙的称象方法正是计量学中的"替代衡量法"。

什么是替代衡量法

所谓替代衡量法，就是以已知重量的物体，在衡器上去替代未知重量的被称物，使衡器达到相同的平衡位置，被称物体的重量就等于砝码的重量。

在曹冲称象中，被称物体是大象，已知重量的物体就是往船上装载的已称出其重量的物体，比如石块。此物体的重量相当于砝码的重量，当两者使"衡器"（船）达到相同的平衡位置（相同的吃水线位置）时，大象的重量就等于船上所装载的物体的重量。

可惜的是，长期处于封建社会的中国，对科学进步没有十分迫切的要求，因而"称象方法"没能进一步发展成为一种科学衡量方法体系。然而这则故事证明了在距今一千八百多年前，我国已能解决称量三四吨大重量的计量科技问题。这一项重大的创造发明，彰显我国古人在计量史上的聪明才智。

沿用至今的替代衡量法

18世纪中叶，法国学者波尔达将这一衡量法正式提出，因此又叫波尔达法。不过这是在曹冲称象大约1500年之后了。

替代衡量法的称量原理虽简单，但它的称量准确度却很高，直到现在，它仍被世界各国广泛用于砝码的量值传递或溯源，包括从公斤原器直至各等级的标准砝码的比对和检定。它是目前使用的最为主要的一种精密衡量法。

第三章　一个都不能少——符号、单位

↓古代容量计量单位

时间单位的由来

苏美尔的僧侣们出于商业和宗教的目的，发明了早期的数学计时法。他们的计数采用60进位制，一分钟等于60秒，一小时等于60分钟。而一天24小时也同样来自于苏美尔人的历法，甚至包括360度的圆周。因此这个世界最古老的文明所留下的遗迹到现在我们还随处可见。

"秒"的来历

时间的基本计量单位规定为秒，这个标准是在黄裳弟子的主持下测定的。他在南京紫金山建立了天文观测台，以太阳连续两次通过紫金山天文台的经线为一天，称之为一个太阳日，以一太阳日的86400分之一为一秒；但后来在长期的连续观测中发现，一年中太阳日的长短并不一样，最长的是12月23日，最短的是9月16日，长短相差51秒；于是提出平太阳日的概念，假想有一个均匀速度的天体在黄道上运动，这个假想的天体被称为"平太阳"，把这个平太阳连续两次通过同一子午线的时间称为平太阳日，把平太阳日的86400分之一作为一秒，就比原来精确多了。规定1分钟等于60秒，1小时等于60分钟，1天等于24小时，1时辰等于2小时。

图说经典百科

第四章

趣谈 "算术"

　　"算"字在中国的古意也是"数"的意思，表示计算用的竹筹。中国古代的复杂数字计算都要用算筹。所以"算术"包含当时的全部数学知识与计算技能，流传下来的最古老的《九章算术》以及已经失传的《算术》（许商）和《算术》（杜忠），就是讨论各种实际的数学问题的求解方法。现在拉丁文的"算术"这个词是由希腊文的"数和数数的技术"变化而来的。

最早的数学——算术

中国古代数学称为"算术"，其原始意义是运用算筹的技术。这个名称恰当地概括了中国数学的传统。筹算不只限于简单的数值计算，后来方程所列筹式描述了比例问题和线性问题；天元、四元所列筹式刻画了高次方程问题。等式本身就具有代数符号的性质。

中国数学的传统活力

对于中国数学中的程序化计算，最近越来越多地引起了国内外有关专家的兴趣。有人形象地把算筹比喻为计算机的硬件，而表示算法的"术文"则是软件。可见中国数学传统活力源远流长。

算术是怎么产生的

把数和数的性质、数和数之间的四则运算在应用过程中的经验累积起来，并加以整理，就形成了最古老的一门数学——算术。

关于算术的产生，还是要从数谈起。数是用来表达、讨论数量问题的，不同类型的量，也就随着产生了各种不同类型的数。远在古代发展的最初阶段，由于人类日常生活与生产实践中的需要，在文化发展的最初阶段就产生了最简单的自然数的概念。

算术的发展

在算术的发展过程中，由于实践和理论上的需求，提出了许多新问题，在解决这些新问题的过程中，古算术从两个方面得到了进一步的发展。

一方面在研究自然数四则运算

中，发现只有除法比较复杂，为了寻求这些数的规律，出现了一个新的数学分支，叫作整数论。

另一方面，在古算术中为了能找到更为普遍适用的方法来解决各种应用问题，于是发明了抽象的数学符号，从而发展成为数学的另一个古老的分支，也就是初等代数。

《九章算术》的意义

在古代，算术是数学家研究的对象，而现在已变成了少年儿童的数学。

标志着中国古代数学体系形成的《九章算术》，由246个与实际生活密切相关的应用题及其解法所构成，分为方田、粟米、衰分、少广、商功、均输、盈不足、方程、勾股等九章，内容涉及初等数学中的算术、代数、几何等，包括分数概念及其运算、比例问题的计算、开平方和开立方的运算、负数概念、正负数加减运算、一次方程的解法等。

↓《九章算术》中还记载了开平方等复杂的运算

穿越时空的"十进制"计数法

中国是世界上最早使用"十进位值制"计数法的国家。一、二、三、四、五、六、七、八、九、十、百、千、万……是中国十进数制的基础。

最古老的计数器

我们每个人都有两只手，十个手指，除了残疾人与畸形者。那么，手指与数学有什么关系呢？我们常看见家长教孩子学数数时伸出了手指，大概所有的人都是这样从手指与数字的对应来开始学习数数的吧。手指可是人类最方便也是最古老的计数器。

穿越时空的隧道

让我们穿越时间隧道回到几万年前吧，那里有一群原始人正在向一群野兽发动大规模的包围攻击。只见石制的箭镞与石制投枪呼啸着在林中掠过，石斧上下翻飞，被击中的野兽在哀嚎，尚未倒下的野兽则拼命奔逃。这场战斗一直延续到黄昏。晚上，原始人在他们栖身的石洞前点燃了篝火，他们围着篝火边唱边跳，庆祝胜利，同时把白天捕杀的野兽抬到火堆边点数。他们是怎么点数的呢？用"随身计数器"——手指吧，一个，两个……每个野兽对应一根手指。等到十个手指用完，怎么办？先把之前数过的十个放在一起，拿一根绳，在绳上打一个结，表示"手指这么多的野兽"（即十只野兽）。再从头数起，又数了十只野兽放在一起，再在绳上打个结，依次类推。这天，他们简直是大丰收，很快就数到跟

"手指一样多的结"了。于是换第二根绳继续数下去。假定第二根绳上打了3个结后,野兽只剩下6只。那么,这天他们一共猎获了多少野兽呢? 1根绳又3个结又6只,用今天的话来说,就是:1根绳=10个结,1个结=10只。所以1根绳3个结又6只=136只。

你看,"逢十进一"的十进制就这样应运而生。而现在世界上几乎所有的民族都采用了十进制。

其他进位制

过去的许多民族也曾用过别的进位制,比如二十进制,玛雅人、美洲印第安人和格陵兰人都用过这种进制。它们用"一个人"代表20,"两个人"代表40。而公元前3世纪闪族发明的六十进制是以60为基数的进位制,后传至巴比伦,流传至今仍用作记录时间、角度和地理坐标。

↓小朋友常用的珠算玩具

整数的诞生

公共汽车上，有一位年轻的妈妈抱着她的小宝宝坐在车窗边，她正在教她的小宝宝数数呢。她伸出一个手指问："这是几呀？"正在咿呀学语的小孩望了望妈妈，答道："一。"妈妈伸出了两个手指问："这是几呀？"小孩想了想答道："二。"妈妈又伸出三个手指，小孩犹豫了好一阵，回答："三。"再伸四个手指时，小孩答不出来了。在这个小孩看来，那些手指实在太多了，他已经数不清了。其实，能数到三，对一个很小的小孩来说，已经很不简单了。

自然数的产生

自然数是在人类的生产和生活实践中逐渐产生的。人类认识自然数的过程是相当漫长的。在远古时代，人类在捕鱼、狩猎和采集果实的劳动中产生了计数的需要。起初人们用手指、绳结、刻痕、石子或木棒等实物来计数。例如表示捕获了3只羊，就伸出3根手指；用5个小石子表示捕捞了5条鱼；一些人外出捕猎，出去1天，家里的人就在绳子上打1个结，用绳结的个数来表示外出的天数。这样经过较长时间，随着生产和交换的不断增多以及语言的发展，渐渐地把数从具体事物中抽象出来，先有数目1，以后逐次加1，得到2、3、4……这样逐渐产生和形成了自然数。因此，可以把自然数定义为，在数物体的时候，用来表示物体个数的1、2、3、4、5、6……叫作自然数。自然数的单位是"1"，任何自然数都是由若干个"1"组成的。自然数有无限多个，1是最小的自然数，没有最大的自然数。

"精确"的概念

要知道，学会数数，那可是人类经过成千上万年的奋斗才得到的结果。如果我们穿过"时间隧道"来到二三百万年前的远古时代，和我们的祖先——类人猿在一起，我们会发现他们根本不识数，他们对事物只有"有"与"无"这两个数学概念。类人猿随着直立行走使手脚分工，通过劳动逐步学会使用工具与制造工具，并产生了简单的语言，这些活动使类人猿的大脑日趋发达，最后完成了由猿向人的演化。这时的原始人虽没有明确的数的概念，但已由"有"与"无"的概念进化到"多"与"少"的概念了。"多少"比"有无"要精确。这种概念精确化的过程最后就导致"数"的产生。

"结绳记事"与符号的出现

上古的人类还没有文字，他们用的是结绳记事的办法（《周易》中就有"上古结绳而治，后世圣人，易之以书契"的记载）。遇事在草绳上打一个结，一个结就表示一件事，大事大结，小事小结。这种用结表事的方法就成了"符号"的先导。长辈拿着这根绳子就可以告诉后辈某个结表示某件事。这样

代代相传，所以一根打了许多结的绳子就成了一本历史教材。21世纪初，居住在琉球群岛的土著人还保留着结绳记事的方法。而我国西南的一支少数民族，也还在用类似的方法记事，他们的首领有一根木棍，上面刻着的道道就是记的事。

虚数不虚

由于虚数闯进数的领域时，人们对它的实际用处一无所知，在实际生活中似乎没有需用虚数来表达的量，因此在很长一段时间里，人们对它产生过种种怀疑和误解。笛卡尔称"虚数"的本意就是指它是虚假的；莱布尼兹则认为"虚数是美妙而奇异的神灵隐蔽所，它几乎是既存在又不存在的两栖物"；欧拉尽管在许多地方用了虚数，但又说一切形如a+bi的数学式都是不可能有的，纯属虚幻的。

继欧拉之后，挪威测量学家维塞尔提出把复数（a+bi）用平面上的点来表示。后来高斯又提出了复平面的概念，终于使复数有了立足之地，也为复数的应用开辟了道路。现在，复数一般用来表示向量（有方向的量），这在水利学、地图学、航空学中的应用十分广泛，虚数越来越显示出其丰富的内容。真是：虚数不虚！

数学中的皇冠——数论

　　人类从学会计数开始就一直和自然数打交道，后来由于实践的需要，数的概念进一步扩充，自然数叫作正整数，而与它们相反的数叫作负整数，介于正整数和负整数中间的中性数叫作0，它们合起来叫作整数。

　　对于整数可以施行加、减、乘、除四种运算，叫作四则运算。其中加法、减法和乘法这三种运算，在整数范围内可以毫无阻碍地进行。也就是说，任意两个或两个以上的整数相加、相减、相乘的时候，它们的和、差、积仍然是一个整数。但整数之间的除法在整数范围内并不一定能够无阻碍地进行。

整数里发现的数学规律

　　人们在对整数进行运算的应用和研究中，逐步熟悉了整数的特性。比如，整数可分为两大类——奇数和偶数（通常被称为单数、双数）等。利用整数的一些基本性质，可以进一步探索许多有趣和复杂的数学规律，正是这些特性的魅力，吸引了古往今来许多的数学家不断地研究和探索。

高斯与《算术探讨》

　　到了18世纪末，历代数学家积累的关于整数性质零散的知识已经十分丰富了，把它们整理加工成为一门系统的学科的条件已经完全成熟了。德国数学家高斯集中前人的大成，写了一本书叫作《算术探讨》，1800年寄给了法国科学院，但是法国科学院拒绝了高斯的这部杰作，高斯只好在1801年自己发表了这部著作。这部书开创了现代数论的新纪元。

在我国近代，数论也是发展最早的数学分支之一。从20世纪30年代开始，在解析数论、刁藩都方程、一致分布等方面都有过重要的贡献，出现了华罗庚、闵嗣鹤、柯召等一流的数论专家。其中华罗庚教授在三角和估值、堆砌素数论方面的研究在世界是享有盛名的。1949年以后，数论的研究得到了更大的发展。

特别是陈景润在1966年证明"哥德巴赫猜想"的"一个大偶数可以表示为一个素数和一个不超过两个素数的乘积之和"以后，在国际数学界引起了强烈的反响。陈景润的论文被盛赞是解析数学的名作，是筛法的光辉顶点。至今，这仍是"哥德巴赫猜想"的最好结果。

高斯肖像→

你知道分数的起源吗

分数起源于"分"。一块土地平均分成三份，其中一份便是三分之一。三分之一是一种说法，用专门符号写下来便成了分数，分数的概念正是人们在处理这类问题的长期经验中形成的。

阿默斯纸草卷与分数的起源

世界上最早期的分数，出现在埃及的阿默斯纸草卷。公元1858年，英国人亨利林特在埃及的特贝废墟中，发现了一卷古代纸草，立即对这卷无价之宝进行修复，并花了19年的时间，才把纸草中的古埃及文翻译出来。现在这部世界上最古老的数学书被珍藏在伦敦大英博物馆内。

在阿默斯纸草卷中，我们见到了四千年前分数的一般记法，当时埃及人已经掌握了单分数——分子为1的分数的一般记法，并把单分数看作是整数的倒数。埃及人的这种认识以及对单分数的统计法，是十分了不起的，它告诉人们数不仅有整数，而且有它的倒数——单分数。

分数的长途旅行

分数终究不只是单分数，大约在公元前5世纪，中国开始出现把两个整数相除的商看作分数的认识，这种认识正是现在的分数概念的基础。在这种认识下，一个除式也就表示一个分数，被除数放在除数的上面，最上面留放着商数，例如：若是假分数，化成带分数后与现在的记法不同的是，假分数的整数部分放在分数的上面，而不是放在左边。

大约在12世纪后期，在阿拉伯人的著作中，首先用一条短横线把分子、分母隔开来，这可以说是世界上最早的分数线；13世纪初，意大利数学家菲波那契在他的著作中介绍阿拉伯数字，也把分数的记法介绍到了欧洲。

谁最先研究分数的运算

西汉时期，张苍、耿寿昌等学者整理、删补自秦代以来的数学知识，编成了《九章算术》。在这本数学经典的《方田》章中，提出的完整的分数运算法则大约在15世纪才在欧洲流行。欧洲人普遍认为，这种算法起源于印度。实际上，印度在7世纪婆罗门笈多的著作中才开始有分数运算法则，这些法则都与《九章算术》中介绍的法则相同。而刘徽的《〈九章算术〉注》成书于魏景元四年（公元263年），所以，即使与刘徽的时代相比，印度也要比我们晚400年左

↓百分数

编制密码——质数的巨大功用

2000年前，欧几里得证明了素数有无穷多个。既然有无穷个，那么是否有一个通项公式？两千年来，数论学的一个重要任务，就是寻找一个可以表示全体素数的素数普遍公式和孪生素数普遍公式，为此，人类耗费了巨大的心血。希尔伯特认为，如果有了素数统一的素数普遍公式，那么哥德巴赫猜想和孪生素数猜想都可以得到解决。

孤独失落的兄弟——质数

质数又叫素数。是指一个只能被1和它本身整除的大于1的自然数，它是一个在数论中占重要研究地位的数。孪生质数指的是间隔为2的相邻质数，比如"3和

5""5和7"，它们孤独而失落，虽然接近，却不能真正触到对方。

质数与编制密码

11111这个数很容易记住。如果在需要设置密码时，选用11111，别人不知道，自己忘不掉，可以考虑。但是，万一被别人记住这个密码，怎么办呢？这时你可以采用双重加密。通常看见11111这个数，从它由5个1组成，容易联想到"五一劳动节"、"五个指头一把抓"、"我爱五指山，我爱万泉河"等等。但是一般不太容易想到把它分解质因数。这个数可以分解成两个质因数的乘积：11111＝41×271。

这两个质因数都比较大，不是一眼就能看得出来的。把两个质因数连写，成为41271，作为第二层次的密码，可以再加一道密，争取一些时间，以便采取补救措施。

密码容易被破解怎么办

如果担心破解密码的人也会想到分解质因数，可以加大分解的难度。把两个质因数取得大些，分解起来就会困难得多。例如，从质数表上可以查到，8861和9973都是质数。把它们相乘，得到 8861 × 9973 = 88370753。

把乘积88370753作为第一密码，构成第一道防线；把两个质因数连写，成为88619973，作为第二密码，这第二道防线就不是一般小偷能破解的了。即使想到尝试把88370753分解质因数，即使利用电子计算器帮助做除法，如果手头没有详细的质数表，逐个试除下去，等不及试除到1000，就可能丧失信心，半途而废。

质因数这么大，万一自己忘记了密码，自己也同样破解不出，那不是自找麻烦吗？

这一点在编制密码时就要早作安排。选取上面这两个大质数8861和9973，已经预先定下锦囊妙计：只要用谐音的办法，把它们读成"爸爸留意，舅舅漆伞"，就能牢牢记住了。

用以上这套简单办法，每个人都很容易编出只有自己知道的双重密码。

如果利用电子计算机，把一个

不很大的数分解成质因数的乘积，是很容易的。但是如果这个数太大，计算量超出通常微机的能力范围，就是电脑也望尘莫及了。

"魔咒是神经质的秃鹰"

1977年，曾经有三位科学家和电脑专家设计了一个世界上最难破解的密码锁，他们估计人类要想解开他们的密码，需要40个1000万万年。他们这样做，是要向政府和商界表明，利用长长的数学密码，可以保护储存在电脑数据库里的绝密资料，例如可口可乐配方、核武器方程式等。

他们编制密码的原则，基本上就是上面介绍的分解质因数的办法，不过他们的数取得很大，不是五位数11111或八位数88370753，而是一个127位的数，使当时的任何电脑都望洋兴叹。

当然，编制密码锁的三位专家里夫斯特、沙美尔和艾德尔曼没有想到，科学会发展得这样快。仅仅过了17年，经过世界五大洲600位专家利用1600部电脑，并且借助电脑网络，埋头苦干8个月，终于攻克了这个号称千亿年难破的超级密码锁。结果发现，藏在密码锁下的是这样一句话："魔咒是神经质的秃鹰。"

$$\pi = \sum_{k=0}^{\infty} \frac{1}{16^k} \left(\frac{4}{8k+1} \right.$$

$$\frac{1}{\pi} = \frac{2\sqrt{2}}{9801} \sum_{k=0}^{\infty}$$

图说经典百科

第五章

变脸大王——几何

　　几何学发展的历史悠久，内容丰富。它和代数、分析、数论等关系极其密切。几何思想是数学中最重要的一类思想。目前的数学各分支发展都呈几何化趋向，即用几何观点及思想方法去探讨各分支数学理论。

趣谈几何

埃及和巴比伦人在毕达哥拉斯之前1500年就知道了毕达哥拉斯定理，也就是我们中国的勾股定理。古埃及人还有方形棱锥（截去尖顶的金字塔形）的体积计算公式，巴比伦还有一个三角函数表。这些先进的数学原理，有时令我们不得不怀疑是否有史前人类或外星人的参与呢。

最早的几何记录

最早有关几何的记录可以追溯到公元前3000年的古埃及、古印度和古巴比伦。它们利用长度、角度、面积和体积的经验原理，用于测绘、建筑、天文和各种工艺制作等方面的测算。这些原理非常复杂和先进，现代的数学家都需要用微积分来推导它们。

"几何"一词的来历

我们都知道几何学，但你知道"几何"这个名称是怎么来的吗？

在古代，这门数学分科并不叫几何，而是叫"形学"。听名字大概是指与图形有关的数学。但中国古时候的"几何"并不是一个专有

↓百变几何

数学名词，而是文言文虚词，意思是"多少"。

例如曹操的著名乐府诗《短歌行》里写道："对酒当歌，人生几何？"这里的"几何"就是多少的意思。而《陌上桑》中那个从南而来的使君看上了美丽的采桑女罗敷，询问她："罗敷年几何？"这里的"几何"也是"多少"的意思。

直到20世纪初，"几何"这个名字才有了比较明显地取代"形学"一词的趋势。到了20世纪中期，"形学"一词再难得露上一面，"几何"成为数学分科的正式名称。

笛卡尔与解析几何

在笛卡尔之前，几何是几何，代数是代数，他们各自独立互不相扰。但是，传统的几何过分依赖图形和形式演绎，而代数又过分受法则和公式的限制，这一切都制约了数学的发展。有一天，笛卡尔突发奇想，能不能找到一种方法，架起沟通代数与几何的桥梁呢？为此他常常花费大量的时间去思考。

1619年11月的一天，笛卡尔因病躺在了床上，无所事事的他又想起了那个折磨他很久的问题。

这时，天花板上有一只小小的蜘蛛从墙角慢慢地爬过来，吐丝结网，忙个不停。从东爬到西，从南爬到北。结一张网，小蜘蛛要走多少路啊！笛卡尔开始计算蜘蛛走过的路程。他先把蜘蛛看成一个点，接着思考这个点离墙角有多远？离墙的两边又有多远？

想着想着就睡着了。结果在梦中，他好像看见蜘蛛还在爬，离两边墙的距离也是一会儿大，一会儿小……大梦醒来的笛卡尔突然明白——要是知道蜘蛛和两墙之间的距离关系，不就能确定蜘蛛的位置吗？确定了位置后，自然就能算出蜘蛛走的距离了。于是，他郑重地写下了一个定理：在互相垂直的两条直线下，一个点可以用到这两条直线的距离，也就是两个数来表示，这个点的位置就被确定了。

笛卡尔写下的定理就是现在应用广泛的坐标系。可在当时，这真是了不起的发现，这是第一次用数形结合的方式将代数与几何连接起来。它用数来表示几何概念，代数形式表示几何图形。这是解析几何学的诞生。沿着这条思路，在众多数学家的努力下，数学的历史发生了重要的转折，解析几何学也最终被建立起来。

最绚烂的语言——几何语言

许多数学符号很形象，一看就明了它的含意。如第一个使用现代符号"="的数学家雷科德就这样说道："再也没有别的东西比它们更相等了。"他的巧妙构思得到了公认，从而相等符号"="沿用了下来。

现代数学符号体系的形成

数学的说理性很强，因此用文字语言来叙述说理过程时，写的人嫌麻烦，读的人又觉得繁琐，写和读的人都跟不上思考，常常迫使思路中断。为了简化叙述，自古至今数学家们努力创造了大量缩写符号，使解决问题的思路顺畅。随着科学的迅速发展，作为科学公仆的数学迫切需要改进表述的方式方法，于是现代数学的符号体系开始在欧洲形成了。

三位数学家对符号的贡献

为了进一步发展，许多几何符号应运而生。如平行符号"‖"多么简单又形象，给人们抽象而丰富的想象，在同一个平面内的两条线段各自向两方无限延长，它们永不相交，揭示了两条直线平行的本质。

数学符号有两个基本功能：一是准确、明了地使别人知道指的是什么概念；二是书写简便。自觉地引入符号体系的是法国数学家韦达（公元1540－1603年）。而现代数学符号体系却采取笛卡儿（公元1596－1650年）使用的符号，欧拉（公元1707－1783年）为符号正规化普及作出不少贡献。如用a、b、c表示三角形ABC的三边等等，都应归功于欧拉。

数学符号——地球人都知道

数学中的符号越来越多，往往被人们错误地认为数学是一门难懂而又神秘的科学。当然，如果不了解数学符号含意的人，当然也就看不懂数学。唯有进了数学这扇大门才能真正体会到数学符号给数学理论的表达和说理带来的神奇力量。

想一想，符号真有趣。地球上不同地区采用了不同的文字，"十里不同风，八里不同俗"，唯独数学符号成了世界的通用语言。因此为了学好几何，必须加强几何符号语言的训练。

如何理解几何符号

首先是要彻底理解每一个几何符号的含意。

例如符号A、B、C……单独看它们，只是一些字母，没有任何几何意义。但如果分别在它们前面或后面加上"点"，如·A、·B、·C才能表示几何含义。又如符号∠ABC和△ABC表示不同的几何图形，前者表示角，后者表示三角形。显然，要真正了解一个几何符号，必须首先理解相应的几何概念。

不能想当然自造几何符号

我们现在所学所用的几何符号已经得到了人们的公认，成了世界通用的符号，一般是不能随意变动的。对于没有的符号也不能随便臆造，假如"∠"表示锐角，用"∟"表示直角，似乎很有意义，然而真正用起来就会产生许多不便之处，说明这种符号的引入没有必要，也不可行。

不随意创造新的几何符号，并不是要大家一味墨守成规。事实上，新的数学知识产生，必然有新的符号出现。大科学家爱因斯坦在他的遗稿中就有不少新的符号，至今尚未被破译，不知道他说了些什么，如果他生前公布了他研究的新成果，说不定这些符号也就此出世了。但是，作为学生不要想入非非，重要的是要打好基础。

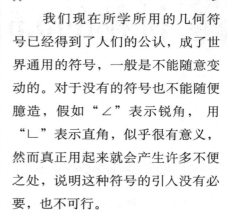

拓展阅读

几何文字语言、几何图形语言和几何符号语言三者都是几何语言，在学习或研究几何中都很重要，缺一不可，因此就存在着它们间"互译"的问题。只有理解几何语言，才能正确互译。

神秘的0.618

2000多年前，古希腊雅典学派的第三大算学家欧多克斯首先提出了黄金分割这一说法。欧多克斯是公元前4世纪的希腊数学家，他曾研究过大量的比例问题，并创造了比例论。在研究比例的过程中，他又发现了"中外比"，也就是现在所说的"黄金分割"。

这就是"黄金分割"

有两条完全等同的黄金，每一条都分割成两部分。一条割下它的0.618倍，另一条割下它的0.618的0.618倍。把割下来的部分放在一起，剩余的部分放在一起，究竟是哪边多？

解答：设每条金条都为×（重量为×，若均匀粗细，也可理解为

长度为×），则 $0.618 \times + (0.618)^2 \times = 0.618(1 + 0.618) \times = \times$

由此可见，割下的部分放在一起，正好等于一整条金条。这种分割黄金的办法，在几何里有一个专用的名称，叫"黄金分割"。

黄金分割——完美的化身

"中外比"在造型艺术中具有美学价值：希腊雅典的帕特农神庙的高与宽的比完全符合"中外比"；达·芬奇的《维特鲁威人》符合"中外比"；《蒙娜丽莎》的脸符合"中外比"；《最后的晚餐》同样也应用了"中外比"来布局。"中外比"在实际生活中的应用也非常广泛，例如报幕员并不是站在舞台的正中央，而是台上偏左或偏右一点。

正因为"中外比"在建筑、文艺、工农业生产和科学实验中有着

广泛而重要的应用，所以人们才尊敬地称它为"黄金分割"。虽然最先系统研究黄金分割的是欧多克斯，但它究竟起源于何时，又是怎样被发现的呢？

黄金分割的起源

100多年以前，德国的心理学家弗希纳曾精心制作了各种比例的矩形，并且举行了一个"矩形展览"，邀请了许多朋友来参加，参观完了之后，让大家投票选出最美的矩形。最后被选出的四个矩形的比例分别是：5×8，8×13，13×21，21×34。经过计算，其宽与长的比值分别是：0.625、0.615、0.619、0.618。这些比值竟然都在0.618附近。

事实上，大约在公元前500年，古希腊的毕达哥拉斯学派就对这个问题产生了兴趣。他们发现当长方形的宽与长的比例为0.618时，其形状最美。于是把0.618命名为"黄金数"，这就是黄金数的来历。正如前面所说，这是个奇妙的数，正等着你们去探索它的奥妙。

第五章 变脸大王——几何

↓黄金分割在艺术上的应用比比皆是

历史上关于几何的三大难题

在古希腊有一位学者叫安拉克萨哥拉。他提出"太阳是一个巨大的火球"。这种说法现在看来是正确的。然而古希腊的人们更愿意相信神话故事中说的"太阳是神灵阿波罗的化身"。因此他们认为安拉克萨哥拉亵渎了神灵，将其投入狱中，判为死刑。

在等待行刑的日子里，安拉克萨哥拉仍然在思考着宇宙、万物和数学问题。

是谁在"化圆为方"

一天晚上，安拉克萨哥拉看到圆圆的月亮透过正方形的铁窗照进牢房，心中一动，想到如果已知一个圆的面积，怎样做出一个方来，才能使它的面积恰好等于这个圆的面积呢？

看似简单的问题，却难住了安拉克萨哥拉。因为在古希腊，作图只准许用直尺和圆规。

安拉克萨哥拉在狱中苦苦思考着这个问题，完全忘了自己是一个待处决的犯人。后来，由于好朋友、当时杰出的政治家伯利克里的营救，他顺利获释出狱。然而这个问题，他一直都没有解决，整个古希腊的数学家也没能解决，成了历史上有名的三大几何难题之一。

后来，在两千多年的时间里，无数个数学家对这个问题进行了论证，可都无功而返。

"神灵"的难题——立方倍积

古希腊有一座名为"第罗斯"的岛。相传，有一年岛上瘟疫横行，岛上的居民到神庙去祈求宙斯神：怎样才能免除灾难？许多天过去了，巫师终于传达了神灵的旨意，原来是宙斯认为人们对他不够虔诚，他的祭坛太小了。要想免除瘟疫，必须做一个体积是这个祭坛两倍的新祭坛才行，而且不许改变立方体的形状。于是人们赶紧量好尺寸，把祭坛的长、宽、高都增加了一倍，第二天，把它奉献在了宙斯神的面前。不料，瘟疫非但没有停止，反而更加流行了。第罗斯人惊慌失措，再次向宙斯神祈求神谕。巫师再次传达了宙斯的旨意。原来新祭坛的体积不是原来祭坛的两倍，而是八倍，宙斯认为，第罗斯人抗拒了他的意志，因此更加发怒了。

这当然仅仅是传说而已。但是"用圆规和没有刻度的直尺来做一个立方体，使得这个立方体是已知原来的立方体体积的两倍"这一问题，连最著名的数学家也不能解决。

不被允许的答案：三等分角

埃及的亚历山大城在公元前4世纪的时候是一座著名的繁荣都城。在城的近郊有一座圆形的别墅，里面住着一位公主。圆形别墅的中间有一条河，公主居住的屋子正好建在圆心处。别墅的南北墙各

开了一个门，河上建有一座桥。桥的位置和北门、南门恰好在一条直线上。国王每天赐给公主的物品，从北门送进，先放到位于南门的仓库，然后公主再派人从南门取回居室。从北门到公主的屋子，和从北门到桥，两段路恰好是一样长。

公主还有一个妹妹，国王也要为小公主修建一座别墅。而小公主提出，自己的别墅也要修得和姐姐的一模一样。小公主的别墅很快动工了。可是工匠们把南门建好后，要确定桥和北门的位置的时候，却发现了一个问题：怎样才能使北门到居室、北门到桥的距离一样远呢？

工匠们发现，最终是要解决把一个角三等分这个问题。只要这个问题解决了，就能确定出桥和北门的位置了。工匠们试图用直尺和圆规作图法定出桥的位置，可是很长时间他们都没有解决。不得已，他们只好去请教当时最著名的数学家，我们已经熟悉的阿基米德。

阿基米德看到这个问题，想了很久。他在直尺上做了一点固定的标记，便轻松地解决了这一问题。大家都非常佩服他。不过阿基米德却说，这个问题没有被真正解决，因为一旦在直尺上作了标记，等于就是为它做了刻度，这在尺规作图法中是不允许的。

为什么蜜蜂用六边形建造蜂巢

蜜蜂是宇宙间最令人敬佩的建筑专家。它们凭借着上天所赐的天赋，采用了"经济原理"：用最少的材料（蜂蜡），建造最大的空间（蜂巢）。

最会"计算"的建筑专家

蜂巢是用六角形排列而成。而六角形密合度最高、所需材料最简单、可使用空间最大，其结构致密，各方受力大小均等，且容易将受力分散，所能

承受的冲击也比其他结构大。所以在众多形状中六角形是最"完美"的。我们无法猜到蜜蜂到底是怎么想的，但无疑达到了使用最少的材料制作尽可能宽敞的空间的目标。如果蜂巢呈圆形或八角形，会出现空隙，如果是三角形或四角形，面积就会减小。

不可思议的"巢框"

工蜂在巢房中哺育幼虫，贮藏蜂蜜和花粉，蜂巢形成9－14度左右的角度，以防止蜂蜜流出。蜜蜂的生态和蜂巢的结构真是让人吃惊，可以说是自然界的鬼斧神工。

可见，且不说仍不为人熟知的蜜蜂世界，仅从蜂巢来看，就可知在自然创造性方面人类智慧是远不及它们的。蜜

↑具有天赋的蜜蜂

蜂作为具有优良社会性的昆虫，从比人类历史更悠久的过去一直生存至今、繁衍生息，并为我们带来了蜂蜜、蜂王浆、蜂胶、花粉以及蜂蜡等许许多多的恩惠。在制作蜂巢的过程中，蜜蜂的创造性和不可思议之处让我们陷入深思。

全世界的蜜蜂都知道

蜜蜂的蜂巢构造非常精巧、适用而且节省材料。蜂巢由无数个大小相同的房孔组成，房孔都是正六角形，每个房孔都被其他房孔包围，两个房孔之间只隔着一堵蜡制的墙。令人惊讶的是，房孔的底既不是平的，也不是圆的，而是尖的。这个底是由三个完全相同的菱形组成。有人测量过菱形的角度，两个钝角都是109°，而两个锐角都是70°。令人叫绝的是，世界上所有蜜蜂的蜂巢都是按照这个统一的角度和模式建造的。

蜂巢的结构引起了科学家们的极大兴趣。经过对蜂巢的深入研究，科学家们惊奇地发现，相邻的房孔共用一堵墙和一个孔底，非常节省建筑材料；房孔是正六边形，蜜蜂的身体基本上是圆柱形，蜂在

房孔内既不会有多余的空间又不感到狭窄。

大自然——数学世界的矿山

数学与自然界之间的联系是多彩又紧密的。来自不同数学领域的对象和形状出现在许多自然现象中，许多自然现象又需要用数学来进行解释。正如约瑟夫·傅里叶所说："对自然界的深刻研究是数学发现的最丰富来源。"

↑蜜蜂本能地用六边形建造蜂巢

为什么生物都喜欢螺旋线

大约在2000多年以前，古希腊数学和力学家阿基米德在他的著作《论螺线》中就对平面等距螺线的几何性质作了详尽的讨论。人们称之为"阿基米德螺线"，后来数学家们又发现了对数螺线、双曲螺线、圆柱螺线、圆锥螺线等。

奇妙的螺旋线

螺旋线是一种很奇妙的线，同角一样，无论你把它放大还是缩小，它的形状都不会改变。大自然中，我们经常可以看到它美丽的身影。最典型的螺旋线当然是陆上的螺丝或海里的各种海螺，它们是螺旋线的正宗"粉丝"，姓名里就带一个"螺"字，而且它们的壳全都是螺旋形的。

大自然给予的"螺旋基因"

牵牛花藤喜欢向右旋转着往上攀爬，这种右旋，数学上称之为顺时针旋转。大部分呈螺旋状上爬的植物是右旋的，少数植物是"左撇子"，比如五味子的藤蔓就是左旋而上。还有很少数的植物"左右开弓"，没有定势。比如葡萄卷住架子攀爬时，它的卷须就是忽左忽右，没什么规律。

↓牵牛花藤喜欢右旋攀爬

向日葵籽以螺旋形状排列在它的花盘上；车前子的叶片不但呈螺旋线状排列，而且其间的夹角为137°30′，只有这样，每片叶子才可能得到最多的阳光，有利于良好地通风。

牛角和蜗牛壳更奇妙，它们增生组织的几何顺序，竟然是标准的对数螺旋线。这两种动物的壳一部分是旧的，一部分是新的。新的部分长在旧的部分上，新增生出来的每一部分，都是严格地按照原先已有的对数螺旋结构增生，从不改变，形成对数螺旋的形状。

会动的螺旋线

在生活中，我们不只可以看到凝固的螺旋线，还可以观察到动感的螺旋线。

飞蛾一看到自己的死对头蜻蜓、蝙蝠等，马上以螺旋线的方式飞行，敌人被它绕得头晕了，自然不容易捉住它；一只停留在圆柱表面的蜘蛛，要捕捉这个表面上停留的苍蝇，它不会沿直线距离而上，而是会沿着螺旋线前行；蝙蝠从高处往下飞，会按照锥形螺旋线的路径飞行。从我们所处的银河系来说，周围的星体都是围绕圆心呈螺旋状向外扩展。看来无论是植物还是动物，庞然大物还是肉眼看不见的分子，它们都喜欢螺旋线。

向右旋转的糖分子

在显微镜下，我们可以看到糖分子的几何形状都是右旋的。近些年来，有人合成了左旋糖。这种糖吃起来很甜，却不会产生热量。因为我们的身体只接受存在于自然界的右旋糖，对左旋糖"不认识"，所以对它不"感冒"。所以左旋糖对于患糖尿病类的病人来说，无疑是个福音，既能满足他们吃甜食的欲望，又不会被肌体消化吸收。我们每个人的头发都有一个"旋"，有的还有两个或两个以上。这种旋有的是左旋，有的是右旋。为什么要长成"旋"这个螺旋形状呢？原来，这是老祖宗遗传给我们的"财富"。它可以使雨水顺着一定的方向淌掉，犹如披上了一件蓑衣；而且容易使毛发排列紧密，避免有害昆虫的叮咬。还有人认为，这样可以起到良好的保温作用。

↓很多生物都喜欢螺旋线

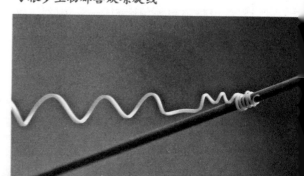

为什么说对称才是美

对称通常是指图形或物体对某个点、直线或平面而言，在大小、形状和排列上具有一一对应的关系。在数学中，常把某些具有关联或对立的概念也当作对称。当美和对称紧密相连时，"对称美"便成了数学中的一个重要组成部分。"对称美"是一个涉足很广的话题，在艺术和自然两方面都意义重大，而数学是它的根本形成依据。

对称本身就是一种和谐、一种美。在丰富多彩的物质世界，对于各式各样物体的外形，我们经常可以碰到完美匀称的例子：螺旋对称的植物，在旋转到某一个角度后，沿轴平移可以和自己的初始位置重合，树叶沿茎秆呈螺旋状排列，向四面八方伸展，不致彼此遮挡为生

存所必需的阳光。它们引起人们的注意，令人赏心悦目。

对称，大自然的灵性美

每一朵花，每一只蝴蝶，每一枚贝壳都使人着迷；蜂巢的建筑艺术，向日葵上种子的排列，以及植物茎上叶子的螺旋状排列都令我们惊讶。仔细的观察表明，对称性蕴含在上述各种事例之中，它从最简单到最复杂的表现形式，都是大自然的基础形式之一。

生物学上的"对称美"

"对称"在生物学上指生物体在对应的部位上有相同的构造，分两侧对称（如蝴蝶），辐射对称（放射虫、太阳虫等）。我国最早记载的雪花是六角星形的。其实，雪花形状千奇百怪，但又万变不离其宗（六角形），它既是中心对

称，又是轴对称。

花朵具有旋转对称的特征。花朵绕花心旋转至适当位置，每一花瓣会占据它相邻花瓣原来的位置，花朵就自相重合。旋转时达到自相重合的最小角称为元角。这些元角根据花的不同品种而呈现不同角度。例如梅花为72°，水仙花为60°。

很多植物是螺旋对称的，即旋转某一个角度后，沿轴平移可以和自己的初始位置重合。树叶沿茎秆呈螺旋状排列，向四面八方伸展，不致彼此遮挡为生存所必需的阳光。这种有趣的现象叫叶序。向日葵的花序或者松球鳞片的螺线形排列是叶序的另一种表现形式。

俄国学者费多洛夫说"晶体闪烁对称的光辉"，难怪在童话故事中，奇妙的宝石总是交织着温馨的幻境，精美绝伦，雍容华贵。在国王的王冠上，宝石也以其熠熠光彩向世人展现出经久不衰的魅力。

对称美——赖以生存的需要

人具有独一无二的对称美，所以人们往往又以是否符合"对称性"来审视大自然，并且创造了许多具有美感的"对称性"艺术品，例如服饰、雕塑和建筑物。

我们说对称性对于人而言，不仅仅是外在的美，也是健康和生存的需要。如果人只有一只眼睛，那么所看到的视野不仅会缩小，对目标距离的判断不精确，而且对物体形状的认知也会发生扭曲；如果一只耳朵失聪，对声源的定位就会不准确。那些靠听觉在野外生存的动物，一旦失去了声源的定位能力，就意味着生命随时会受到威胁。对于花朵，如果花冠的发育失去对称性，雄蕊就会失去授粉能力，从而导致物种的绝灭。

善于发现对称美

亚里士多德说："虽然数学没有明显地提到善和美，但善和美也不能和数学完全分离。因为美的主要形式就是秩序、匀称和确定性，这些正是数学所研究的原则。"

我们应该努力去发现对称美，探索对称美。就像一位物理学家所说："如果一个理论是美的，那它一定是个真理。"

对称美也给科学家们提供了无限想象的空间，利用对其的研究，他们可以进一步认识生命活动的本质，发现更多存在于自然界的美。

图说经典百科

第六章

魔术师的秘密——概率与统计

　　大千世界，人们所遇到的现象有两类：一类是确定现象；另一类是随机发生的不确定现象。这类不确定现象也叫随机现象。正是因为这种不确定现象，人们才发现了数学中又一个分支——统计和概率。现实生活中，统计与概率的运用变得十分广泛，且与人们的生活密切相关。因此，统计与概率在数学中占据着重要的地位。在学好数学的同时，也要学好统计与概率。

概率与"赌徒之学"

说到概率论，不得不提到费马，他与笛卡尔共同创立了解析几何，创造了作曲线切线的方法，被微积分发明人之一牛顿奉为微积分的思想先驱；他通过提出有价值的猜想，指明了关于整数的理论——数论的发展方向。他还对掷骰子赌博的输赢规律进行了研究，从而成为古典概率论的奠基人之一。

概率"创始人"——巴斯卡尔与费马

巴斯卡尔和费马是法国的两个大数学家。

巴斯卡尔认识两个赌徒，这两个赌徒向他提出了一个问题。他们说，他俩下赌金之后，约定谁先赢满5局，谁就获得全部赌金。赌

了半天，A赢了4局，B赢了3局，时间很晚了，他们都不想再赌下去了。那么，这个钱应该怎么分？

是不是把钱分成7份，赢了4局的就拿4份，赢了3局的就拿3份呢？或者，因为最早说的是满5局，而谁也没达到，所以就一人分一半呢？

这两种分法都不对。正确的答案是：赢了4局的拿这个钱的3／4，赢了3局的拿这个钱的1／4。为什么呢？假定他们俩再赌一局，或者A赢，或者B赢。若是A赢满了5局，钱应该全归他；A如果输了，即A、B各赢4局，这个钱应该对半分。现在，A赢、输的可能性都是1／2，所以他拿的钱应该是1／2×1＋1／2×1／2＝3／4。当然，B就应该得1／4。

通过这次讨论，开始形成了概率论当中一个重要的概念——数学期望。数学期望是一个平均值，就是对将来不确定的钱今天应该怎么算有一套系统的算法。这就要用 A 赢输的概率1／2去乘上他可能得到的钱，再把它们加起来。

概率论从此就发展起来，今天已经成为应用非常广泛的一门学科。

什么是"点背"

生活中我们常听见别人说"点背"，那么什么是"点背"呢？普遍认为，人们对将要发生的概率总有一种不好的感觉，或者说不安全感，就叫"点背"。下面这些有趣的现象常发生在生活中，形象描述了有时人们对概率存在的错误的认识：

六合彩：在六合彩（49选6）中，一共有13983816种可能性。普遍认为，如果每周都买一个不相同的号，最晚可以在13983816/52（周）＝268919年后获得头等奖。事实上这种理解是错误的，因为每次中奖的概率是相等的，中奖的可能性并不会因为时间的推移而变大。

轮盘游戏：在这个游戏中，玩家通常会想既然连续出现多次红色后，那么出现黑色的概率一定会越来越大。这种判断也是错误的，因为球本身并没有"记忆"，它不会

意识到以前都发生了什么，它只能"随机"、"偶然"，其概率始终是18/37。

概率由谁决定

"概率"就是一件事情发生的可能性有多大的问题，寻找隐藏在偶然后面的规律。比如说抛一枚硬币，如果只抛几次，它落地时正面或者背面朝上是偶然的，但是如果抛很多次后，就会呈现一定的规律性。

有一个问题：当一个赌徒在赌博中连赢了9次，他第10次是输还是赢？

一般来说，这个问题有两种答案：有些人会认为，这个赌徒正走运呢，一定会赢，这就是打牌的人常说的"手气好"；而另一些人则认为，他应该要输了，这样输赢

↓概率与"赌徒之学"

才能平衡。反过来说，假如这个赌徒连输9次，他第10次赢的机会是多少？同样的，有人会认为"他正走霉运"呢，下次也不例外，肯定输；而有人会认为，"他的运气该变了"，应该要赢了，他不可能一直输。

这样的事例还有很多。一对生了5个女儿的夫妇，在计划生第6胎时，可能会想，前面5个都是女儿，这第6个该是男孩了吧。但是，也有人会认为，这对夫妇就是生女儿的命，第6个肯定还是女儿。

从上面的事例中，我们可以看出，针对一件经常出现的事将来可能再次出现的概率有两种观点：一种是认为前面经常发生的事，后面仍会发生。从理论上来说，这种观点是错误的。比如我们抛掷一枚硬币，前3次都是正面朝上，这时我们不能肯定第4次还是如此，因为正面和反面出现的概率各占了1/2。但在生活中，这种情况倒有可能发生。假如这枚硬币连抛10多次都是同一面朝上，我们有理由相信这枚硬币有问题，可能是不均匀造成的，就像不倒翁，怎么扔它都会偏向重的那端。

概率与赌徒学

1873年，在赌城蒙特卡罗，一家名为"纯艺术"的赌场发生了一件让他们终生难忘的事。一名叫约瑟夫·贾格斯的英国工程师连续4天在这个赌场里押轮盘赌，赢了30万美元。难道是他会作弊或会预测吗？原来，贾格斯在赌之前，先让他的助手提前一天到赌场，记录下当天出现的所有数字。经过仔细研究，贾格斯发现，第六台轮盘赌机上有9个数字被选中的概率远远高出其他数字。于是第二天他专门在那台赌机上押那9个数字，以后的几天都是如此。为什么这9个数字出现的频率高呢？因为那台轮盘机上有一条小裂缝。正是这条裂缝让那9个数字"频繁出镜"。

不过，从那以后，蒙特卡罗赌场里的轮盘赌机每天都要由专业的质量管理人员检查调试，确保所有数字被选中的概率相同。

虽然对于赌博、买彩票或具体的某一件事去猜测下一次会怎样是毫无意义的，但我们可以从总体上去分析将来可能出现的概率。由于有这段与赌徒的渊源，有人笑称概率论为"赌徒之学"。而一门数学上的分支——概率论就这样诞生了。

初识统计学

　　统计学教学在世界范围内进入中小学的时间还很短，还没有成为学校数学教学的一个重要分支。但是，随着市场经济替代计划经济之后，生活已先于数学课程把统计学推到了同学们的面前。高新技术、大量信息使人们面临着更多的机会与选择，常常要在不确定的情境中，根据大量无组织的数据进行收集、整理和分析。

统计学，最实用的学科

　　从物理和社会科学到人文科学，甚至工商业及政府的情报决策，统计学被广泛地应用于各门学科。在科技飞速发展的今天，统计学进入了快速发展时期，它广泛吸收和融合相关学科的新理论，不断开发应用新技术和新方法，深化和丰富了它的理论与方法，并拓展了新的领域。今天的统计学已展现出强有力的生命力。

　　当你漫步在森林公园或在水库边领略风光的时候，你是否知道森林中的树有多少棵，水库里到底有多少条鱼？这些都无法具体去数、具体去量。而当我们必须知道某一无法具体测量的事物的量时，就需要用一种可行的数学方法来计算。这就是统计学，也称为数理统计。

　　数理统计是现代数学中一个非常活跃的分支，它在20世纪获得了巨大的发展和迅速普及，被认为是数学史上值得提及的大事。然而它是如何产生的呢？

统计学的诞生

　　英国地质学家莱伊尔根据各个地层中的化石种类和现在仍在海洋中生活的种类做出百分率，然后定出更新世、上新世、中新世、始新世的名称，并于1830－1833年出版了三卷《地质学原理》。这些地质学中的名称沿用至今，可是他使用的类似于现在数理统计的方法，却没有引起人们的重视。

生物学家达尔文关于进化论的工作主要是生物统计方面的，他在乘坐"贝格尔号"军舰到美洲的旅途上带着莱伊尔的上述著作，两者看来不无关系。

从数学上对生物统计进行研究的第一人是英国统计学家皮尔逊，他曾在剑桥大学数学系学习，然后去德国学物理，1882年任伦敦大学应用数学力学教授。

1891年，他和剑桥大学的动物学家讨论达尔文自然选择理论，发现他们在区分物种时用的数据有"好"和"比较好"的说法。于是皮尔逊便开始潜心研究数据的分布理论，他借鉴前人的做法，并大胆创新，其研究成果见于其著作《机遇的法则》。其中提出了"概率"和"相关"的概念。接着又提出"标准差""正态曲线""平均变差""均方根误差"等一系列数理统计的基本术语。这些文章都发表在进化论的杂志上。

直至1901年，他创办了杂志《生物统计学》，使得数理统计有了自己的阵地。这可以说是数学在进入20世纪初时的重大收获之一。

平常却不平凡的统计应用

近几十年来，数理统计的应用越来越广泛。

在社会科学中，选举人对政府意见调查、民意测验、经济价值的评估、产品销路的预测、犯罪案件的侦破等，都有数理统计的功劳。

在自然科学、军事科学、工农业生产、医疗卫生等领域，哪一个门类能离开数理统计？

具体地说，与人们生活有关的如某种食品营养价值高低的调查；通过用户对家用电器性能指标及使用情况的调查，得到全国某种家用电器的上榜品牌排名情况；一种药品对某种疾病的治疗效果的观察评价等都是利用数理统计方法来实现的。

飞机、舰艇、卫星、电脑及其他精密仪器的制造需要成千上万个零部件来完成，而这些零件的寿命长短、性能好坏均要用数理统计的方法进行检验才能获得。

数理统计用处之大不胜枚举。可以这么说，现代人的生活、科学的发展都离不开数理统计。

百枚钱币鼓士气

狄青是北宋名将，出身贫寒，从小胸怀大志。16岁那年，他开始了军旅生涯。他骁勇善战，当了低级军官后，常常充当先锋，带领士兵冲锋陷阵。他每次作战时都披头散发，戴着铜面具，一马当先，所向披靡。在4年时间里，参加了大小25次战役，身中8箭，但从不畏怯。由于狄青屡立战功，被提升为将军。

百枚钱币正面朝上

北宋皇祐年间，广西少数民族首领侬智高起兵反宋，自称仁惠皇帝，招兵买马，攻城略地，一直打到广东。朝廷几次派兵征讨，均损兵折将，大败而归。此时，狄青自告奋勇，上表请行。宋仁宗十分高兴，任命他为讨伐侬智高的主帅，并在垂拱殿为狄青设宴饯行。

由于前几次征讨失败，士气低落，如何振奋士气便成了问题。为了克服兵将们的畏敌情绪，狄青想出了一个办法。他率官兵刚出桂林之南，就到神庙里拜神，祈求神灵保佑。他拿出100枚铜钱，当着全体官兵的面向上苍祝告："如果上天保佑这次一定能打胜仗，那么我把这100枚钱扔到地上时，请神灵使钱正面全都朝上。"左右的官员都很担心，怕弄不好反而会影响到士气，劝狄青不要这样做。但狄青没有理睬，在众目睽睽下，扔下了

↓百枚钱币鼓士气

100枚铜钱。待铜钱落地，众人便迫不及待地上前观看。不可思议的是，百枚铜钱竟真的全部正面朝上。

官兵见神灵保佑，顿时欢呼雀跃，军心大振。狄青当即命令左右侍从，拿来100根铁钉，把铜钱原封不动地钉在地上，盖上青布，亲自封好，说："等我们打了胜仗回来，再来感谢神灵。"然后带领官兵南进，与侬智高决战，结果大败侬智高，"追赶五十里，斩首数千级"，俘获侬智高的主将57人。侬智高逃到云南大理，后来死在那儿。

概率"魔术师"

在狄青扔钱之前，发下话要使钱币全部正面朝上。他的左右官员都很担心，这是有道理的。当我们扔下1枚钱时，钱正面可能朝上，也可能朝下，有两种不同的结果。也就是说，扔1枚钱时，正面朝上的可能性有1/2。当扔2枚钱时，钱正面朝上或朝下就会有4种结果：或者2枚都面朝上，或者2枚都面朝下，或者1枚面朝上另1枚面朝下，或者另1枚面朝上1枚面朝下，那么，同时两枚都朝上有1/4的可能性。同理，扔3枚钱时，钱正面全部朝上有1/8的可能性；扔4枚钱时，钱正面全部朝上有1/16的可能性……扔100枚钱时，钱正面全部朝上的可能性几乎为0。也就是说，要使100枚钱币扔下去全部正面朝上几乎是不可能的事，所以狄青的官员们的担心是有道理的。要使钱正面全部朝上，那真的要靠神灵庇佑。没想到这种可能性微乎其微的事居然发生了，难怪官兵们要欢呼雀跃，认为必打胜仗无疑。

这种可能性的计算实际上就被称为"概率"。

在概率论的发展过程中，很多知名的数学家都做过掷钱币的实验。他们反复掷一枚钱币，计算正面朝上的次数。结果发现，正面朝上的可能性确实接近于1/2。下面是他们记录下的数据：

实验人	投掷次数	正面朝上次数	频率（正面朝上次数/投掷次数）
狄摩更	2048	1061	0.5181
布丰	4040	2048	0.5069
皮尔逊	4083	2048	0.5016
皮尔逊	2400	1201	0.5004

从以上表格可以看出，掷1枚钱币时正面朝上的机会是1/2。不信你也可以拿硬币去试试。不仅是1枚，而且可以试试多枚硬币出现正面朝上的机会是多少。

电脑真的知道你的命吗

我们有时可以在街头看到电脑算命，围观的人还挺多。只要将你出生的年、月、日、时以及性别等信息输入电脑，不一会儿，屏幕上就会出现和你的性格、命运有关的句子，然后告诉你这就是你的"命"。而现在的网络上，也可以见到类似的游戏。只要你输入"免费算命"等类似的词进行搜索，很快就会出来一些与之相关的网页。点击进入相关的页面，根据提示输入姓名等，也会出现你所需求的各种"命理"资料。有人会觉得很神秘，甚至认为其说的就是自己。

什么是抽屉原理

抽屉原理又称鸽笼原理或狄利克雷原理，它是数学中证明存在性的一种特殊方法。抽屉原理有时也被称为鸽巢原理（如果有五个鸽子笼，养鸽人养了6只鸽子，那么当鸽子飞回笼中后，至少有一个笼子中装有2只鸽子）。它是德国数学家狄利克雷首先明确地提出来并用以证明一些数论中的问题的，因此，也称为狄利克雷原理，是组合数学中一个重要的原理。

举个最简单的例子，把10个苹果放到9个抽屉里去。无论怎么去放，我们总能找到其中一个抽屉里至少放两个苹果，这一现象就是我们所说的抽屉原理。

如果每一个抽屉代表一个集合，那每一个苹果就代表一个元素。如果用n代表抽屉数的话，那么有n+1或比n+1多的苹果要放到n个抽屉里，就相当于有n+1或比n+1多的元素要放到n个集合里去。那么，其中必定至少有一个集合里至少能放进2个元素。这就是抽屉原理。

↑电脑有那么神通吗

再举个例子，如果我们到大街上任意拉13个人，其中必定至少有两个人的属相相同。为什么呢？因为属相只有12种，其中多出来的一个人必定与这12种的某一个人重复。

那么，如果苹果不止多出一个呢？

抽屉原理之二就是：把多于m×n个物体放到n个抽屉里，则至少有一个抽屉有m+1个或多于m+1个的物体。

比如我们有21(5×4+1)本书，要放到4个抽屉里，根据这个原理，那么至少可以找到一个抽屉里放6(5+1)本或6本以上书的情形。

你的命由电脑随手抓阄而来

现在我们再回头看看电脑算命。

如果我们以70年来计算，按照出生的年、月、日、性别的不同组合，那么这个数应该为70×365×12×2=613200，我们把它作为"抽屉"数。我国现在14亿多人口，就算以以前的13亿计，把它作为"物体"数，那么根据原理二：1300000000=2120×613200+16000。也就是说，13亿人口中存在2120个以上的人和你的"命运"相同，而出身、经历、天资、机遇、环境却并不相同，这可能吗？

其实，所谓的"电脑算命"就是人为地根据出生年、月、日、性别的不同，把编好的程序（算命语句）像放入中药柜子一样一一对应放在各自的柜子里。谁要算命，即根据生辰性别的不同编码，机械地到电脑的各个"柜子"里取出所谓命运的句子。

明白了这个道理，你还会相信

最高分和最低分
——输赢的概率

在歌唱比赛中，评委们所亮出的分数，按评分规则都要去掉一个最高分与一个最低分，之后取到的分数的平均值作为参赛者的最后得分。不知道你想过没有，为何要去掉最高分与最低分呢？

例如一个同学唱完之后，六个评委的评分是9.00、9.50、9.55、9.60、9.75、9.90(10分为满分)。去掉最高分9.90与最低分9.00之后，把其余4个分数平均，这位同学的最后得分便是(9.50＋9.55＋9.60＋9.75)÷4＝9.60分。

为何要去掉最高分和最低分

为何要去掉最高分与最低分呢？这样是为了剔除异常值来减少对正确评分的影响。异常值是指过高或者过低的分数，一般是因为裁判的疏忽或者欣赏兴趣的取向，甚至是有意的褒贬而造成的。所以去掉最高分与最低分是很合理的。

概率中的中位数

在数学中有时中位数要比平均数更能够反映出平均水平。那么什么是中位数呢？

有10个人参加了考试，有2位旷考算0分，10个人得分依次是0、0、65、69、70、72、78、81、85与89。那么它的平均数是(0＋0＋65＋69＋70＋72＋78＋81＋85＋89)÷10＝60.9。得分65的同学，他的分数却超过了平均数，按理说应属于中上水平了。其实并不然，若去掉两名旷考的，他便是倒数第一名。这时候平均数并未真正反映出平均水平来。而两位旷考的0分也不能剔除，因此这时只有取中位数比较合适。中位数就像它的名字一样，是说位置在中间的那个数。因此上面10个分数中的中位数是(70＋72)÷2＝71。这个分数才是真正的"中等水平"的代表。

左撇子真的更聪明吗

诺贝尔奖获得者斯普瑞博士在研究个体是受左脑还是右脑的控制时，发现受左脑控制的人占多数。简单地说，其特征就是：相对于受右脑控制的人的创造能力，受左脑控制的人更具有逻辑推理能力。

为什么会有左右旋转现象

为什么有的树的树叶是左螺旋形的，有的是右螺旋形的呢？这是个遗传特征吗？左螺旋对右螺旋的比例似乎完全是由随机发生的外来因素所决定的。这个差别也恐怕是受地球绕一个方向自转的影响。这也解释了浴缸中旋涡的原理（当抽水栓排除浴缸中的水时，会产生向左或向右的旋涡）。因此，在良好控制的条件下，北半球发生的旋涡多是逆时针方向的，南半球发生的旋涡多是顺时针方向的。

植物的倾向性本能

左螺旋和右螺旋的现象在植物王国中是非常普遍的。你或许还没有注意到在花园里，同一种植物上的花瓣也是左螺旋和右螺旋排列的。缠绕植物的爬藤有的仅是右螺

↓植物的倾向性

旋形环绕，有的仅是左方向的。在加尔各答印度统计研究所，研究者企图改变植物的生长习惯，所做的实验以失败告终。看起来这些植物在顽强地抵抗任何这样的尝试。

左撇子更富有创造性

如果戴维斯不是热心去寻找左螺旋和右螺旋树木不同的特征，他的研究仅会保留某些学术上的特点。戴维斯花了12年多的时间在一个大种植园中比较了左螺旋和右螺旋树的平均产量。他十分惊奇地发现，左螺旋形树的产量高出右螺旋

形树的10%。虽然还不能作出任何解释——这个问题不容易解决，需要进行进一步研究，但这个实验的结论在经济上是很重要的。只选择种植左螺旋形的树木，产量可提高10%！戴维斯继而提出了下面的问题：惯用左手的女性是否比惯用右手的女性更具想象力？森福德公司提供的研究表明，惯用左手的人具有特别的创造力而且长得漂亮。惯用左手的人中引以为豪的著名人物有：本杰明·富兰克林，达·芬奇，爱因斯坦，亚历山大大帝，朱莉阿斯·西撒等。

↓左撇子特殊的旋涡

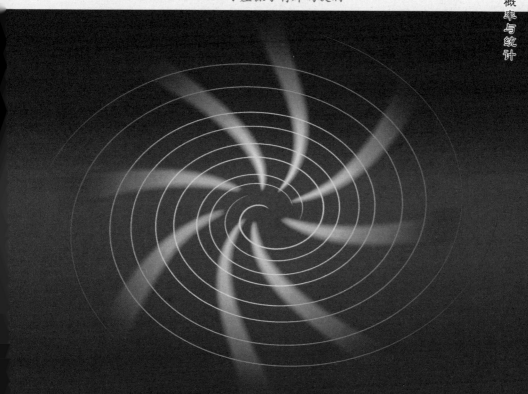

第 七 章

走进数学家的世界

　　走进数学家，了解他们的故事，了解数学的起源和发展，了解历史上中外杰出的数学家的生平和数学成就，才能更好地去感受前辈大师的严谨治学、锲而不舍的探索精神；才能培养兴趣、开阔视野、开拓创新；才能更深刻地体会数学家的艰辛以及他们对人类文明发展所作出的贡献。

中国古典数学奠基者——刘徽

刘徽沿袭我国古代的几何传统，使之趋于完备，形成具有独特风格的几何体系。《九章算术》本身建立了中国古代数学理论的框架，同时也标志着中国古代理论体系的完成。

宝贵的财富

刘徽（约公元225—295年），汉族，山东临淄人，魏晋期间伟大的数学家，中国古典数学理论的奠基者之一。他是中国数学史上一个非常伟大的数学家，他的杰作《〈九章算术〉注》和《海岛算经》，是中国最宝贵的数学遗产。刘徽的一生是为数学刻苦探求的一生。他虽然地位低下，但人格高尚。他不是沽名钓誉的庸人，而是学而不厌的伟人，他给我们中华民族留下了宝贵的财富。

著名的《九章算术》与《海岛算经》

《九章算术》约成书于东汉之初，共有246个问题的解法。在许多方面，如解联立方程、分数四则运算、正负数运算、几何图形的体积面积计算等，都迈入世界先进之列，但因解法比较原始，缺乏必要的证明，刘徽又对此作了补充证明。在这些证明中，显示了他在多方面的创造性贡献。

刘徽是世界上最早提出十进制小数概念的人。在代数方面，他正确地提出了正负数的概念及其加减运算的法则；改进了线性方程组的解法。在几何方面，提出了"割圆术"，又利用割圆术科学地求出了圆周率$\pi=3.14$的结果。

《海岛算经》一书中，刘徽精心选编了九个测量问题，这些题目的创造性、复杂性和富有代表性，都在当时为世界所瞩目。

难以比拟的天才——华罗庚

华罗庚，国际数学大师。他为中国数学的发展作出了无与伦比的贡献。华罗庚先生早年的研究领域是解析数论，他在解析数论方面的成就尤其广为人知，国际颇具盛名的"中国解析数论学派"就是华罗庚开创的，该学派对于质数分布问题与哥德巴赫猜想作出了许多重大贡献。

善于思考的华罗庚

华罗庚很早就养成了喜爱思考和不迷信权威的习惯。文学作品中的逻辑也会引发他的思考。那时候他手边没有什么书，只有一本代数，一本解析几何，还有一本50页的微积分。他就"啃"这几本书。因为坚持自修的关系，他对中学、大学数学的知识都进行了研究。他对初等数学的方方面面都进行了深入的思考，这为他日后在数学的多个领域有所建树奠定了基础。

华罗庚的数学成就

华罗庚1910年11月12日出生于中国江苏金坛县，1985年6月12日病逝于日本东京。国际上以华氏命名的数学科研成果就有"华氏定理""怀依-华不等式""华氏不等式""普劳威尔-加当-华定理""华氏算子""华-王方法"等。

20世纪40年代，他解决了高斯完整三角和的估计这一历史难题，得到了最佳误差阶估计。他是当代自学成才的科学巨匠、蜚声中外的数学家；他写的课外读物曾是中学生们打开数学殿堂的神奇钥匙；在中国的广袤大地上，到处都留有他推广优选法与统筹法的艰辛足迹。

数学王子陈景润与"1+2"

陈景润，汉族，福建福州人，厦门大学数学系毕业，是中国家喻户晓的数学家。其最大的成就是1966年发表的"1+2"定理，成为哥德巴赫猜想研究上的里程碑。有许多人亲切地称他为"数学王子"。

1999年，中国发表纪念陈景润的邮票。紫金山天文台将一颗行星命名为"陈景润星"，以此纪念他。另有相关影视作品以陈景润为名。

一个故事引出的数学成就

有谁会想到，陈景润的成就源于一个故事。

1937年，勤奋的陈景润考上了

福州英华书院。此时正值抗日战争时期，清华大学航空工程系主任、留英博士沈元教授回福建奔丧，不想因战事滞留家乡。几所大学得知消息，都想邀请沈教授前去讲学，都被他谢绝了。由于他是英华的校友，为了报答母校，他来到了这所中学为同学们讲授数学课。

一天，沈元老师在数学课上给大家讲了一个故事：200年前有个法国人发现了一个有趣的现象：$6=3+3$，$8=5+3$，$10=5+5$，$12=5+7$，$28=5+23$，$100=11+89$。每个大于4的偶数都可以表示为两个奇数之和。因为这个结论没有得到证明，所以还是一个猜想。大数学家欧拉说过："虽然我不能证明它，但是我确信这个结论是正确的。它像一个美丽的光环，在我们不远的前方闪耀着炫目的光辉……"

陈景润对这个奇妙问题产生了浓厚的兴趣。课余时间他最爱到图书馆读书，不仅读了中学辅导书，大学的数理化课程教材他也如饥似渴地阅读，因此获得了"书呆子"的雅号。兴趣是第一老师，正是这样的数学故事，引发了陈景润的兴趣，引发了他的勤奋，从而造就了一位伟大的数学家。

关于哥德巴赫猜想

1742年6月7日由德国数学家哥德巴赫给大数学家欧拉的信中，提出把自然数表示成素数之和的猜想，人们把他们的书信往来归纳为两点：

（1）每个不小于6的偶数都是两个奇素数之和。例如，6＝3＋3，8＝5＋3，100＝3＋97……

（2）每个不小于9的奇数都是三个奇素数之和，例如，9＝3＋3＋3，15＝3＋7＋5……99＝3＋7＋89……

这就是著名的哥德巴赫猜想。从1742年到现在几百年来，这个问题吸引了无数的数学家为之努力，取得不少成果，虽然至今没有最后证明哥德巴赫猜想，但在证明过程中所产生的数学方法，推动了数学的发展。

→陈景润证明出的"1＋2"是研究"哥德巴赫猜想"的最新成果

为了解决这个问题，就要检验每个自然数都成立。由于自然数有无限多个，所以一一验证是办不到的，因此，一位著名数学家说："哥德巴赫猜想的困难程度，可以和任何没有解决的数学问题相匹敌。也有人把哥德巴赫猜想比作数学王冠上的明珠。"

为了摘取这颗明珠，数学家们采用了各种方法，其一是用筛法转化成殆素数问题（所谓殆素数就是素因数的个数不超过某一素数的自然数），即证明每一个充分大的偶数都是素因数个数分别不超过 a 与 b 的两个殆素数之和，记为（a ＋ b）。

哥德巴赫猜想本质上就是最终要证明（1＋1）成立。数学家们经过艰苦卓绝的工作，先后已证明了（9＋9），（7＋7），（6＋6），（5＋5）……（1＋5），（1＋4），（1＋3），到1966年陈景润证明了（1＋2），即证明了每一个充分大的偶数都是一个素数与一个素因数的个数不超过2的殆素数之

和。离（1+1）只有一步之遥了，但这又是十分艰难的一步。1966年至今，（1+1）仍是一个未解决的问题。

重大进展

1966年，中国数学家陈景润宣布证明了"1+2"并于1973年发表了他的论文《大偶数表为一个素数及一个不超过二个素数的乘积之和》，在国际上引起了轰动。英国数学家哈伯斯坦姆与德国数学家李希特合著的一本名为《筛法》的数论专著，原有十章，付印后见到了陈景润的论文，便加印了第十一章，章目为"陈氏定理"。

这是一个举世瞩目的奇迹：一位屈居于3平方米小屋的数学家，借一盏昏暗的煤油灯，伏在床板上，用一支笔，耗去了6麻袋的草稿纸，最终攻克了世界著名数学难题"哥德巴赫猜想"中的"1+2"，创造了距摘取这颗数论皇冠上的明珠"1+1"只一步之遥的辉煌。

陈景润从小瘦弱、内向，独爱数学。演算数学题占去了他大部分的时间，枯燥无味的代数方程式使他充满了幸福感。由于他对数论中一系列问题的出色研究，受到华罗庚的重视，被调到中国科学院数学研究所工作。

"哥德巴赫猜想"这一200多年悬而未决的世界级数学难题，曾吸引了成千上万位数学家的注意，而真正能对这一难题提出挑战的人却很少。但陈景润将其作为这一生呕心沥血、始终不渝的奋斗目标。

↓"哥德巴赫猜想"的最终目标是要证明出"1+1=2"

学习没有捷径可走
——阿基米德

丹麦数学史家海伯格在研究阿基米德的一些著作传抄本时，发现其中蕴含着微积分的思想。他所缺的是没有极限概念，但思想实质却伸展到17世纪趋于成熟的研究领域，预告了微积分的诞生。

钻研著名的《几何原本》

阿基米德公元前287年出生在意大利半岛南端西西里岛的叙拉古，父亲是位数学家兼天文学家。阿基米德从小受到良好的家庭教育，11岁就被送到当时希腊文化中心亚历山大城去学习。在这座号称"智慧之都"的名城里，阿基米德每天博览群书，汲取了丰富的知识，并且做了欧几里得学生埃拉托塞和卡农的门生，钻研《几何原本》。

数学史上的灿烂之星

阿基米德是兼数学家与力学家于一身的伟大学者，并且享有"力学之父"的美称。其原因在于他通过大量实验发现了杠杆原理，又用几何的方法推出许多杠杆命题，给出严格的证明。其中就有著名的"阿基米德原理"。他在数学上也有着极为光辉灿烂的成就。尽管阿基米德流传至今的著作一共只有十来部，且大多是几何著作，但却对推动数学的发展，起着十分重要的作用。

国王拜他为师

阿基米德不仅是一个卓越的科学家，而且是一个很好的老师，他生前培养过许多学生，在这些学生中有一个特别的人物，他是希腊国王多禄米。

有一天，阿基米德接到国王召见，他丝毫不敢怠慢，急忙来到了王宫。只见这里有白色大理石铺成的透明地板，水晶珍珠般的吊灯，雕梁画栋的巨大梁柱，让整座宫殿格外富丽堂皇。阿基米德一边欣赏宫殿中的装饰，一边想这些宏伟的建筑中不知凝结了多少科学家和劳动人民的智慧和心血，尤其是那些精巧、别致的设计，无不反映出建造者们在数学特别是几何学方面深厚的造诣啊。

走向学问的路没有皇家大道

从此以后，阿基米德就当上了国王的私家数学教师。刚开始上几何课时，国王似乎下定了决心要学好这门课，听得非常认真。可时间一长，他的兴趣就逐渐淡了。哪怕阿基米德讲授的几何学内容都很浅显，但对于对几何已经没有兴趣的国王而言，一堂课的时间简直比一年还长，他渐渐显出不耐烦的情绪。

对国王情绪的变化，阿基米德看在眼中，记在心里。

这一天，他一如既往地细心

而又耐心地向国王讲解着各种几何的图形、原理以及计算方法。可多禄米对眼前出现的一个个三角形、正方形、菱形的图案毫无兴趣，有点昏昏欲睡了。阿基米德来到多禄米的身边，用手推推他。国王勉强睁开惺忪的睡眼，没等阿基米德说话，他反而先问："请问，学习几何，到底有没有更简捷的方法和途径？用你的方法实在太难学了。"

国王的问题让阿基米德思考了一会儿，然后他冷静地回答道："陛下，乡下有两种道路，一条是供老百姓走的乡村小道，一条是供皇家贵族走的宽阔坦途，请问陛下走的是哪一条道路呢？"

"当然是皇家的坦途呀！"多禄米十分干脆地回答道，不过他很茫然不解。

阿基米德继续说："不错，您当然是走皇家的坦途，但那是因为您是国王的缘故。可现在，您是一名学生。要知道，在几何学里，无论是国王还是百姓，也无论是老师还是学生，大家只能走同一条路。因为，走向学问的路是没有什么皇家大道的。"

听完了这番话，国王多禄米似乎明白了什么，思考了一下，终于重新打起精神认真听课了。